SQL Server 数据库技术及应用
（第 3 版）

主　编　陈艳平
副主编　赵叶青　尚　晋

U0312377

北京理工大学出版社
BEIJING INSTITUTE OF TECHNOLOGY PRESS

内 容 简 介

本书详细介绍了数据库系统的基础知识，结合案例按照数据库应用系统开发流程介绍了数据库系统设计的需求分析、概念设计和逻辑设计，SQL Server 2019 开发平台，使用 SSMS 和 T－SQL 创建和管理数据库、表、索引和视图的方法，并详细介绍了 T－SQL 的 SELECT 数据查询的编程基础、创建与管理存储过程、触发器等，SQL Server 2019 的安全管理技术和数据库备份与还原技术，最后以"人力资源管理系统"为例介绍了数据库在整个软件系统开发流程中的地位与作用。

本书内容充实，案例易懂，讲解清晰，非常适合初学者迅速掌握数据库技术的核心技术，也可作为计算机类专业及其相关专业课程的教材，同时也适合广大计算机爱好者阅读和参考。

图书在版编目（CIP）数据

SQL Server 数据库技术及应用 / 陈艳平主编. －－ 3 版. －－ 北京：北京理工大学出版社，2021.10

ISBN 978－7－5763－0046－8

Ⅰ. ①S… Ⅱ. ①陈… Ⅲ. ①关系数据库系统 Ⅳ. ①TP311.138

中国版本图书馆 CIP 数据核字（2021）第 134936 号

出版发行 / 北京理工大学出版社有限责任公司

社　　址 / 北京市海淀区中关村南大街 5 号

邮　　编 / 100081

电　　话 / （010）68914775（总编室）
　　　　　　（010）82562903（教材售后服务热线）
　　　　　　（010）68944723（其他图书服务热线）

网　　址 / http：//www.bitpress.com.cn

经　　销 / 全国各地新华书店

印　　刷 / 河北盛世彩捷印刷有限公司

开　　本 / 787 毫米 × 1092 毫米　1/16

印　　张 / 19.25　　　　　　　　　　　　　　　责任编辑 / 钟　博

字　　数 / 430 千字　　　　　　　　　　　　　　文案编辑 / 钟　博

版　　次 / 2021 年 10 月第 3 版　2021 年 10 月第 1 次印刷　　责任校对 / 周瑞红

定　　价 / 83.00 元　　　　　　　　　　　　　　责任印制 / 李志强

序

计算机已经广泛应用于现代社会的各个领域，数据库应用技术是现代计算机信息系统的基础和核心，掌握数据库技术已经成为人们从事计算机及其相关行业必备的技能之一。因此，如何快速地掌握数据库知识及其使用技术，并应用于现实生活和实际工作中，已成为新世纪人才迫切需要解决的问题。

为了适应这种需求，各类高职高专院校、中职中专院校、培训学校都开设了数据库应用技术课程，为适应 IT 行业的迅速发展和课程改革的迫切需要，本书作者与行业、企业专家合作开发了本书，以满足大中专院校、职业院校及各类社会培训学校的教学需要，同时也可供广大计算机爱好者阅读和参考。

1. 选题新颖，策划周全——为计算机教学量身打造

本书注重理论知识与实践操作的紧密结合，同时突出上机操作环节。本书作者均为教学一线教师，他们熟悉教学内容的编排，深谙学生的需求和接受能力，并将这种教学理念充分融入本书的编写中。

本书全面贯彻"理论→实例→上机→习题→知识拓展"五阶段教学模式，以学生较为熟悉的"教学管理系统"和"图书管理系统"为例贯穿本书始终，每章的实训环节以"博客系统"为例进行数据库的创建与管理，在内容选择、结构安排上更加符合学生的认知习惯，从而达到教师易教、学生易学的目的。

2. 教学结构科学合理，循序渐进——完全涵盖"教学"与"自学"两种模式

本书完全以职业院校及各类社会培训学校的教学需要为出发点，紧密结合学科的教学特点，由浅入深地安排章节内容，循序渐进地完成各种复杂知识的讲解，使学生能够一学就会、即学即用。

对教师而言，本书根据实际教学情况安排课时，提前组织备课内容，使课堂教学过程更加条理化，同时方便学生学习，让学生在学习完后有例可学、有题可练；对自学者而言，其可以按照本书的章节安排逐步自学。

3. 内容丰富，学习目标明确——全面提升"知识"与"能力"

本书内容丰富，信息量大，章节结构完全按照教学大纲的要求安排，并细化了每一章内容，符合教学需要和计算机用户的学习习惯。在每章的开始，列出了能力目标和学习导航，以便于教师和学生提纲挈领地掌握本章知识点，明确本章内容在数据库系统开发过程中的地位。每章的最后还附带任务训练（上机练习）和习题两部分内容，教师可以参照上机练习，实时指导学生进行上机操作，使学生及时巩固所学的知识。自学者也可以按照上机练习进行自我训练，快速掌握相关知识。每一章的"知识拓展"部分培养了学生独立思考问题的能力和创新思维的能力。本书最后一章"人力资源管理系统"介绍了数据库在整个软件系统开发流程中的地位和作用，使学生有了学以致用的成就感。

4. 实例精彩实用，讲解细致透彻——全方位解决实际遇到的问题

本书通过精心安排的"教学管理系统"和"图书管理系统"，分别以 SSMS 和 T – SQL 两种方式介绍数据库系统开发的各个阶段，对比介绍使学生在最短的时间内掌握数据库的操作方法，从而能够顺利解决实际工作中的问题。

本节的范例讲解语言通俗易懂，通过添加大量"提示"和"注释"的方式突出重要知识点，以便加深学生对关键技术和理论知识的印象，使学生轻松领悟每一个范例的精髓所在，提高思考能力和分析能力，同时也加强了学生的综合应用能力。

龚小勇

重庆电子工程职业学院

2021 年 7 月

前言

随着"互联网+"产业的发展，数据库技术的应用越来越广泛。利用数据库技术可方便地实现数据操作、安全控制、可靠性管理等功能，科学、高效地管理数据。

数据库技术课程是高职高专计算机类各专业的核心课程之一。为适应 IT 行业的迅速发展和课程改革的迫切需要，本书作者与企业专家深入合作，基于软件开发流程和行业使用技术，以案例和任务为载体，结合职业资格认证考试，编写了这部知识全面、内容适度、技术先进的理论实践一体化教材。

本书精心设计了学生较为熟悉的、具有代表性的"教学管理系统"和"图书管理系统"案例，由浅入深，按照数据库应用系统开发流程将案例贯穿本书的各章节。对"教学管理系统""图书管理系统"案例以 SSMS 方式、T－SQ 方式交叉介绍，使学生可以对比学习，快速并灵活地掌握相关知识。

第 1～11 章是全书的核心，通篇以应用为背景，以数据库应用系统的建立和管理过程为主线，以任务为目标，根据数据库系统功能需求和章节设置将数据库技术与相关知识点逐步展开，深入浅出地向读者介绍数据库中最实用的技术。每章后的任务训练以热门的"博客系统"为例，讲述了该系统数据的创建与管理过程。第 11 章以"人力资源管理系统"为例，详细介绍了数据库系统开发流程。

本书由重庆航天职业技术学院陈艳平担任主编，由重庆航天职业技术学院赵叶青、重庆师范大学尚晋担任副主编，编写分工为：陈艳平编写第 1～5、7、9～11 章，尚晋编写第 6章，赵叶青编写第 8 章。本书在编写过程中，得到了重庆夏特科技发展有限公司涂锋的技术指导，重庆电子工程职业学院龚小勇教授为本书作序，在此一并表示感谢。

经过 3 年的推广与使用，本书得到了使用者的肯定，这给了我们莫大的鼓励。本书编写团队根据教学实践及使用者的反馈，在第 2 版的基础上对内容作了如下调整：

（1）在每一章新增了"学习评价"部分，考查本章节学生的学习掌握情况，方便自评。

（2）数据库版本由原来的 SQL Server 2012 变为 SQL Server 2019。

（3）对部分章节格式、内容、习题等作了调整。

本书配套电子教案、课件、源代码、习题、试题样卷、支持软件、实验实训等素材，可联系编者（htdbteam@163.com）免费发送；读者也可登录"学银在线"搜索主编姓名进行教材配套资源的下载。

由于编者水平有限，书中错误与疏漏之处在所难免，敬请读者批评指正。

编　者

目 录

第1章

数据库基础知识

学习目标

- 具有认识数据库系统的组成和数据库体系结构的能力。
- 具有辨别数据库技术相关职业技术岗位的能力。
- 能根据项目需求分析进行数据库概念设计。
- 具备与客户进行沟通的能力。

学习导航

　　本章介绍的数据库基础知识属于系统分析与概念设计阶段的内容。本章重点介绍概念模型及数据库概念设计方法。本章学习内容在数据库应用系统开发中的位置如图1-1所示。

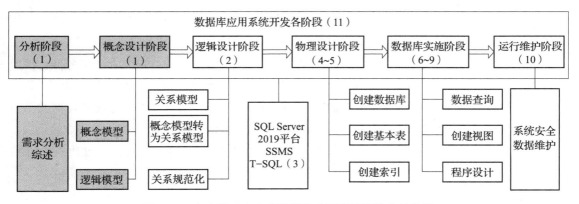

图1-1　本章学习内容在数据库应用系统开发中的位置

1.1 任务 1：认识数据库系统

任务目标

- 掌握数据处理、数据库、数据库管理系统和数据库系统的概念。
- 理解数据库系统开发流程。
- 掌握概念模型设计。

在现实生活中，银行转账、机票预订、话费查询、股市行情、淘宝购物等所访问的数据都存储在某个数据库中。今天，数据库的使用几乎是所有企业的组成部分，包括银行业、航空业、电信业、金融业、销售业等，访问数据库已经成为几乎每个人生活中的基本活动，所有这些都是数据库技术的充分体现。

1.1.1 数据管理技术的产生和发展

在介绍数据管理技术之前，先明确数据和数据处理的概念。

1. 数据处理的基本概念

1）数据（Data）

数据是对客观事物及活动的抽象符号表示，可以鉴别的存储在某一种介质上的符号资料，其形式可以是数字、文字、图形、图像、声音和视频等。

走进数据库世界

2）信息（Information）

信息是指数据经过加工处理后所获取的有用知识，它以某种数据形式表现。

3）数据处理（Data Processing）

数据处理是指对数据进行加工的过程，即将数据转换成信息的过程，它是对各种数据进行收集、存储、加工和传播的一系列活动的总和，可由人工或自动化装置进行处理。

人工过程：某学生看到自己的考试成绩是 60 分或 59 分，通过思考认为成绩及格或不及格，这里及格或不及格就是通过对数据 60 或 59 经过人工处理（大脑思考）后获取的信息。

计算机处理过程：例如编写一个 Python 程序，对所输入的学生成绩进行分析判断并输出及格与否的信息。

Python 程序如下：

```
#！/usr/bin/env python3
score = int(input(Please input a score:))
if score >=60:
    print("及格")
else:
    print("不及格")
```

运行程序，当输入数据60或59时，程序会输出"及格"或"不及格"的信息。

日常用到的Word、Excel、PhotoShop和打印机等都对各种数据进行收集、存储、加工，即计算机数据处理。

2. 数据管理技术的发展阶段

数据管理技术是指对数据进行分类、编码、存储、检索和维护，它是数据处理的中心问题。随着计算机技术的不断发展，在应用需求的推动下，在计算机硬件、软件发展的基础上，数据管理技术经历了人工管理、文件系统、数据库系统3个阶段。

1）人工管理阶段

20世纪50年代中期以前，计算机主要用于科学计算，计算机上没有专门管理数据的软件，数据由计算机或处理它的程序自行携带，程序设计依赖于数据表示。人工管理阶段应用程序与数据的关系如图1－2所示。

图1－2 人工管理阶段应用
程序与数据的关系

2）文件系统阶段

20世纪50年代后期到60年代中期，硬件方面出现了磁带和磁盘，软件方面出现了高级语言和操作系统，程序和数据有了一定的独立性，并且有了程序文件和数据文件。应用程序通过文件系统对文件中的数据进行存取和加工，其关系如图1－3所示。

3）数据库系统阶段

20世纪60年代后期，应用程序和数据库之间由一个新的数据管理软件（DBMS）进行管理。不同的应用程序都可以直接操作这些数据，也就是应用程序具有高度的独立性，数据得到共享，其关系如图1－4所示。

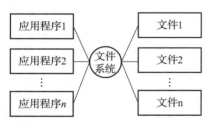

图1－3 文件系统阶段应用程序和
文件的关系

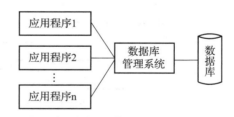

图1－4 数据系统阶段应用程序和
数据库的关系

1.1.2 数据库系统的基本概念

1. 数据库系统的组成

1）数据库系统（Database System，DBS）

数据库系统是指由计算机硬件、数据库、数据库管理系统、应用系统和用户构成的计算机系统。

2）数据库（DataBase，DB）

数据库是指长期保存在计算机的存储设备上，按照某种模型组织起来的、可以被各种用户或应用共享的数据集合。其作用类似于日常生活中的图书库、零件库等。

3）数据库管理系统（DataBase Management System，DBMS）

数据库管理系统是一种操作和管理数据库的大型软件，用于建立、使用和维护数据库，对数据库进行统一的管理和控制，以保证数据库的安全性和完整性。用户通过数据库管理系统访问数据库中的数据，数据库管理员也通过数据库管理系统进行数据库的维护工作。当前较为流行和常用的数据库管理系统有 MySQL、SQL Server、Oracle、DB2 等。

4）数据库应用系统（DB Application System，DBAS）

数据库应用系统通常结合程序设计语言及数据库接口配套开发，为用户提供友好、高效的系统功能，例如教学管理系统、图书管理系统、人事管理系统、人脸识别系统等。

5）用户（User）

用户分为 4 类。

（1）系统分析员和数据库设计人员：系统分析员负责应用系统的需求分析和规范说明，他们和最终用户及数据库管理员一起确定系统的硬件配置，并参与数据库系统的概要设计。数据库设计人员负责数据库中数据的确定、数据库各级模式的设计。

（2）应用程序员：负责编写使用数据库的应用程序。这些应用程序可对数据进行检索、建立、删除或修改。

（3）最终用户：利用系统的接口或查询语言访问数据库。

（4）数据库管理员（Data Base Administrator，DBA）：负责数据库的总体信息控制。数据库管理员的具体职责包括：确定数据库中的具体信息内容和结构，决定数据库的存储结构和存取策略，定义数据库的安全性要求和完整性约束条件，监控数据库的使用和运行，负责数据库的性能改进、重组和重构，以提高系统的性能。

数据库系统的构成如图 1–5 所示。

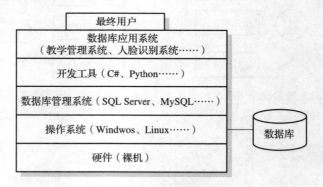

图 1–5　数据库系统的构成

2. 数据库体系结构

数据库标准结构是三级模式结构，包括外模式、模式、内模式。它有效地组织、管理数据，提高了数据库的逻辑独立性和物理独立性。数据库的三级模式结构和二级存储映像，就是数据库的体系结构。数据库的体系结构与数据库对象和 SQL 数据描述语言的关系如图 1–6 所示。

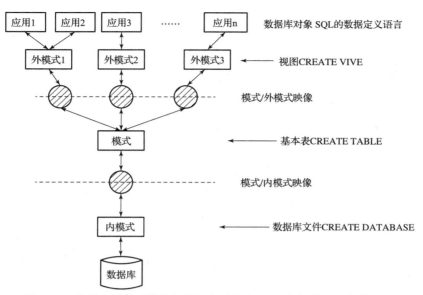

图 1-6 数据库的体系结构与数据库对象和 SQL 数据描述语言的关系

提示： 数据库的存储结构分为逻辑存储结构和物理存储结构两种。

数据库的逻辑存储结构指的是数据库是由哪些性质的信息所组成的，SQL Server 的数据库不仅是数据的存储，所有与数据处理操作相关的信息都存储在数据库中。实际上，SQL Server 的数据库是由诸如表、视图、索引等各种不同的数据库对象所组成的，它们分别用来存储特定信息并支持特定功能，构成数据库的逻辑存储结构。

数据库的物理存储结构则是讨论数据库文件在磁盘中是如何存储的，数据库在磁盘上是以文件为单位存储的，由数据库文件和事务日志文件组成，一个数据库至少应该包含一个数据库文件和一个事务日志文件。

1) 用户级数据库

用户级数据库对应于外模式，是最接近用户的一级数据库，是用户看到和使用的数据库，又称为用户视图。用户级数据库主要由外部记录组成，不同用户视图可以互相重叠，用户的所有操作都是针对用户视图进行的。

数据库管理系统提供子模式描述语言来定义子模式。

例如：CREATE VIEW

2) 概念级数据库

概念级数据库对应于概念模式，介于用户级和物理级之间，是数据库管理员看到和使用的数据库，也称为整体逻辑结构、逻辑模式或全局模式，是数据库中全体数据逻辑结构和特征的描述。模式是数据库模式结构的中间层。

数据库管理系统提供模式描述语言来定义模式。

例如：CREATE TABLE

3) 物理级数据库

物理级数据库对应于内模式，是数据库的低层表示，它描述数据的实际存储组织，又称为内部视图。物理级数据库由内部记录组成，物理级数据库并不是真正的物理存储，而是最接近物理存储的一个抽象级。

数据库管理系统提供内模式描述语言来定义内模式。

例如：CREATE DATABASE

4）数据库的二级存储映像

数据库系统的三级模式对应数据的 3 个抽象级别，它把数据的具体组织留给数据库管理系统管理，使用户能逻辑、抽象地处理数据，而不必关心数据在计算机中的具体表示方式与存储方式。为了能够在内部实现这 3 个抽象层次的联系和转换，数据库管理系统在三级模式之间提供了两层映像。

（1）外模式/模式映像。

当数据库的整体逻辑结构发生变化时，通过调整外模式和模式之间的映像，使外模式中的局部数据及其结构（定义）不变，程序不用修改，从而确保了数据的逻辑独立性。

（2）模式/内模式。

当数据库的存储结构发生变化时，通过调整模式和内模式之间的映像，使整体模式不变，当然外模式及应用程序也不用改变，从而实现了数据的物理独立性。

3. 数据库管理系统的功能

数据库管理系统提供多种功能，可使多个应用程序和用户用不同的方法定义和操作数据，维护数据的完整性和安全性，以及进行多用户下的并发控制和恢复数据库等。具体如下：

（1）数据定义功能。数据库管理系统提供相应数据定义语言（Data Definition Language，DDL）来定义数据库结构，它们刻画数据库框架，并被保存在数据字典（Data Dictionary，DD）中。

（2）数据存取功能。数据库管理系统提供数据操纵语言（Data Manipulation Language，DML），实现对数据库数据的基本存取操作：检索、插入、修改和删除。

（3）数据库运行管理功能。数据库管理系统提供数据控制功能，即针对数据的安全性、完整性和并发控制等对数据库运行进行有效的控制和管理，以确保数据正确有效。

（4）数据库的建立和维护功能。其具体包括数据库初始数据的装入，数据库的转储、恢复、重组织，系统性能监视、分析等功能。

（5）数据库的传输。数据库管理系统提供处理数据的传输功能，实现用户程序与数据库管理系统之间的通信，通常与操作系统协调完成。

1.1.3 数据模型

数据是描述事物的符号记录。模型（Model）是现实世界的抽象。数据模型（Data Model）是数据特征的抽象，是数据库管理的教学形式框架以及数据库系统中用以提供信息表示和操作手段的形式构架。

数据模型按不同的应用层次分成 3 种类型，分别是概念数据模型、逻辑数据模型、物理数据模型。

（1）概念数据模型（Conceptual Data Model），简称概念模型，是面向数据库用户的现实世界的模型，主要用来描述世界的概念化结构，它使数据库的设计人员在设计的初始阶段摆脱计算机系统及数据库管理系统的具体技术问题，集中精力分析数据以及数据之间的联系等，与具体的数据库管理系统无关。概念数据模型必须转换成逻辑数据模型，才能在数据库管理系统中实现。

（2）逻辑数据模型（Logical Data Model），简称数据模型，是用户从数据库所看到的模型，是具体的数据库管理系统所支持的数据模型，如网状数据模型（Network Data Model）、层次数据模型（Hierarchical Data Model）等。此模型既要面向用户，又要面向系统，主要用于数据库管理系统的实现。

（3）物理数据模型（Physical Data Model），简称物理模型，是面向计算机物理表示的模型，描述了数据在储存介质上的组织结构，它不但与具体的数据库管理系统有关，还与操作系统和硬件有关。每一种逻辑数据模型在实现时都有对应的物理数据模型。数据库管理系统为了保证其独立性与可移植性，大部分物理数据模型的实现工作由系统自动完成，而设计者只设计索引、聚集等特殊结构。

以下详细介绍概念数据模型和逻辑数据模型。

> **提示**：在概念数据模型中最常用的是实体－联系模型、扩充的实体－联系模型、面向对象模型及谓词模型。在逻辑数据类型中最常用的是层次模型、网状模型、关系模型。

1. 概念数据模型：实体－联系模型

实体－联系模型中包含"实体""联系"和"属性"3个基本成分。

实体是客观世界中存在的且可相互区分的事物。实体可以是人，也可以是物；可以是具体事物，也可以是抽象概念。例如，职工、学生、课程、教师等都是实体。同一类实体的所有实例就构成该对象的实体集。实体集是实体的集合，而实例是实体集中的某个特例，如图1－7所示。

初识 E－R

图1－7　实体集与实例的示例

客观世界中的事物往往是有联系的。例如，教师与课程间存在"教"的联系，而学生与课程间则存在"学"的联系。联系可分为以下3类。

1）一对一联系（1:1）

实体集 A 中对应的一个实体至多与实体集 B 中的一个实体相对应，反之亦然，则称实体集 A 与实体集 B 为一对一的联系，记作1:1。

例如：班级与班长、观众与座位、病人与床位。

2）一对多联系（1：n）

实体集 A 中的一个实体与实体集 B 中的多个实体相对应，反之，实体集 B 中的一个实体至多与实体集 A 中的一个实体相对应，记作 1：n。

例如：班级与学生、公司与员工、省与市。

3）多对多联系（m：n）

实体集 A 中的一个实体与实体集 B 中的多个实体相对应，反之实体集 B 中的一个实体与实体集 A 中的多个实体相对应，记作 m：n。

例如：教师与学生、学生与课程、工厂与产品。

实体间的联系如图 1-8 所示。

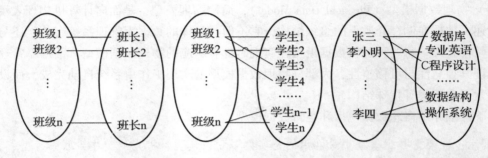

图 1-8　实体间的联系

属性是实体或联系所具有的性质。通常一个实体由若干属性来刻画，例如：

学生实体：学号、姓名、性别、系、年级等属性；

教师实体：教工号、姓名、性别、职称、职务等属性；

课程实体：课程号、课名、学时、学分等属性。

联系也可能有属性。例如，学生"学"某门课程所取得的成绩，既不是学生的属性，也不是课程的属性。由于成绩既依赖于某名特定的学生，又依赖于某门特定的课程，所以这是学生与课程之间的联系"学"的属性。

实体－联系模型可用 E－R 图来表示，E－R 图提供了表示实体、属性和联系的方法。

实体：用矩形框表示，矩形框内写明实体名。

属性：用椭圆形表示，并用无向边将其与相应的实体连接起来。联系也可以有属性。

联系：用菱形框表示，菱形框内写明联系名，并用无向边分别与实体相连，同时注明联系的类型（1：1、1：n 或 m：n）。

学生选课 E－R 图如图 1-9 所示。

2. 逻辑数据模型

目前比较流行的逻辑数据模型有 3 种：层次模型、网状模型和关系模型。

1）层次模型

层次模型是一种树形结构，它的组织结构像一棵树，如图 1-10 所示。某大学就是树根（根节点），各部门是树枝（树节点）。

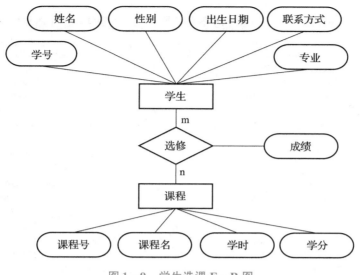

图 1 - 9　学生选课 E - R 图

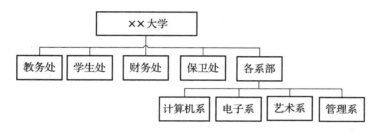

图 1 - 10　××大学部门组织结构

由此可见，层次模型的优点是数据结构类似金字塔，不同层次之间的联系直接而简单；缺点是由于数据纵向发展，横向关系难以建立。

2）网状模型

网状模型通过网络结构来表示数据间的联系，在这种存储结构中，数据记录组成网中的节点，而记录和记录之间的关系组成节点之间的连线，从而构成一个复杂的网状结构，如图 1 - 11所示。

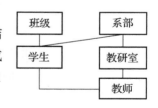

图 1 - 11　部门人员关系

网状结构的优点是很容易反映实体之间的关联；缺点是关系错综复杂，关系的维护非常困难。

3）关系模型

关系模型利用二维表格表示数据间的联系，可把二维表看作一个关系，每一行称为一条记录，每一列称为一个字段。关系模型是目前市场上使用最广泛的数据模型，使用这种模型的数据库管理系统很多，例如 Access、SQL Server、Oracle、DB2 等。表 1 - 1 所示的学生信息表是以二维表格表示学生关系的。

表 1–1　学生信息表

ID	SID	Sname	Sex	Birthday	Specialty	Telephone
1	2020051001	杨静	女	2001-05-05	计算机应用技术	13224089416
2	2020051002	夏宇	男	2000-04-27	计算机应用技术	13567895214
3	2020051003	李志梅	女	2002-08-18	计算机应用技术	18656253256
4	2020051005	方孟天	男	2000-10-06	软件技术	13852453256
5	2020051006	李盼盼	女	2001-04-12	软件技术	13552436188
6	2020051007	田聪	女	2002-10-11	云计算计算应用	13752436148
7	2020051183	郝静	女	2001-08-24	软件技术	13452456185
8	2020051202	王丽	女	2001-07-05	云计算技术应用	13659875234
9	2020051206	侯爽	女	2001-05-29	计算机网络技术	13952436165
10	2020051231	吕珊珊	女	2000-10-27	大数据技术	13752436179
11	2020051232	杨树华	女	2001-07-05	计算机网络技术	13752436175
12	2020051235	周梅	女	2001-06-22	计算机网络技术	13752436195
13	2020051302	王欢	男	2000-08-26	计算机网络技术	13752436765
14	2020051328	程伟	男	2002-01-30	软件技术	13243542436
15	2020051424	赵本伟	男	2001-09-03	大数据技术	13786532459
16	2020051504	张峰	男	2002-09-03	云计算技术应用	13567424242

（CYP.EDUC - dbo.Student）

1.2　任务2：数据库设计

任务目标

- 了解软件系统开发流程。
- 理解数据库设计步骤。

数据库设计是指对于一个给定的应用环境，构造最优的数据库模式，建立数据库应用系统，有效存储数据，满足用户信息要求和处理要求。

1.2.1　软件系统开发流程

数据库应用系统和其他软件一样，也有它的诞生和消亡。数据库应用系统作为软件，在其生命周期有 3 个关键时期——软件定义时期、软件开发时期和软件运行维护时期，如图 1–12 所示。

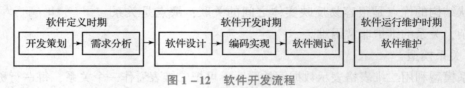

图 1–12　软件开发流程

1.2.2　数据库设计步骤

按照规范化设计方法，从数据库应用系统设计和开发的全过程来考虑，根据数据库系统开发的生命周期的 3 个关键时期将数据库设计分为以下 6 个阶段。

1. 需求分析阶段

对现实世界要处理的对象进行详细的调查，通过对原系统的了解，收集支持新系统的基础数据并对其进行处理，在此基础上确定新系统的功能。

2. 概念设计阶段

概念设计的目标是设计数据库的 E－R 图，确认需求信息的正确和完整。具体来说就是在需求分析中找到实体，确认实体的属性、实体的关系，画出 E－R 图。

3. 逻辑设计阶段

逻辑设计的任务是将概念设计阶段完成的实体模型转换成特定的数据库管理系统所支持的数据模型的过程。逻辑设计的目的是将 E－R 图中的实体、属性和联系转换为关系模式。

4. 物理设计阶段

在物理设计阶段，根据数据库管理系统的特点和处理的需要，对逻辑设计阶段的关系模型进行物理存储安排并设计索引，形成数据库的内模式。

5. 数据库实施阶段

运用数据库管理系统提供的数据语言、工具及宿主语言，根据逻辑设计和物理设计阶段的结果建立数据库，编制与调试应用程序，组织数据入库，并进行试运行。

6. 数据库运行和维护阶段

数据库系统经过运行后即可投入正式运行。在数据库系统运行过程中必须不断地对其进行评价、调整与修改。

在实际开发过程中，软件开发并不是按顺序从第一步进行到最后一步，而是在任何阶段，以及再进入下一阶段前般都有一步或几步回溯。在测试过程中出现的问题可能要求修改设计，用户还可能提出一些需要来修改需求说明书等。

1.3　任务 3：数据库概念设计

任 务 目 标

- 掌握数据库概念设计方法。
- 掌握具体数据库概念设计。

概念设计的目标是将由需求分析得到的用户需求抽象为数据库的概念结构，即概念模型。描述概念模型的是 E－R 图。

1.3.1　数据库概念设计方法

采用实体－联系方法进行数据库概念设计，可以分成 3 步进行：首先设计局部实体－联系模式，然后把各局部实体－联系模式综合成一个全局的实体－联系模式，最后对全局实体－联系模式进行优化，得到最终的实体－联系模式，即概念模式。

1. 设计局部 E－R 图

局部 E－R 图设计从需求分析数据流图和需求文档出发确定实体和属性，并根据数据流图中表示的对数据的处理确定实体之间的联系。在设计 E－R 图时，具体按照以下步骤完成：

（1）初始化工程。这个阶段的任务从系统分析着手，组织专门的团队、做好客户调查。通过调查和观察结果，由业务流程、原有系统的输入/输出、各种报表、收集的原始数据形成基本数据资料表。

（2）明确实体。从收集的基本数据资料表中直接或间接标识出大部分实体。根据实体的名词性特点从资料中找出实体，例如学生、教师、课程、教材等。

（3）定义属性。从实体的基本性质出发，找出对实体进行描绘的词语作为实体的属性。属性也属于名词，例如：描述课程的课程号、课程名、学时与学分等。

（4）定义主码。为实体标识候选码属性，以便唯一识别每个实体，再从候选码中确定主码。主码可以区分不同的实例。例如：学号与身份证号可作为候选码，一般把学号当作主码。

（5）定义联系。根据实际的业务需求、规则和实际情况确定实体之间的联系，联系一般为动词，可以是 1∶1、1∶m、m∶n。例如：学生选修了某门课程，即表示学生实体与课程实体之间存在"选修"的联系。

（6）定义其他对象和规则。定义属性的数据类型、长度、精度、是否为空、默认值和约束规则等。定义触发器、存储过程、视图、角色等对象信息。例如：学生的成绩范围是 0～100 分。

2. 综合成初步 E－R 图

局部 E－R 图设计完成之后，将所有的局部 E－R 图综合成全局概念结构。一般同一个实体只出现一次，否则进行两两合并，当然还要消除合并带来的一些属性、命名和结构的冲突，从而产生总体 E－R 图。

3. 优化成基本 E－R 图

初步 E－R 图是在对现实世界进行调查研究之后综合出来的全局和整体概念模型，但并不一定是最优的。需要经过仔细分析找出潜在的数据冗余，再根据系统需求确定是否消除冗余属性或者冗余联系。

1.3.2 教学管理系统数据库概念设计

1. 需求分析

（1）绘制教学管理部门组织结构图。组织结构是用户企业流程与信息的载体，对分析人员理解企业的业务、确定系统范围具有良好的帮助。取得用户的组织结构图，是需求分析步骤中的基础工作之一。教学管理部门组织结构图如图 1 - 13 所示。

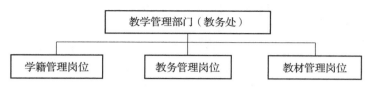

图 1 - 13 教学管理部门组织结构图

（2）绘制教学管理系统用例图。通过收集资料，并对资料进行分析整理，绘制出教学管理系统用例图，如图 1 - 14 所示。

> **提示：** 用例图属于建模语言 UML 的静态建模机制，主要用来图示化系统的主用事件流程，用来描述客户的需求，即用户希望系统具备的完成一定功能的动作——软件的功能模块，是设计系统分析阶段的起点，设计人员根据用户的需求来创建和解释用例图，用以描述软件应具备哪些功能及这些模块之间的调用关系。

（3）了解系统功能需求。根据系统需求分析，教学管理系统完成的主要功能有学籍管理、教学管理、教材管理三部分。

①学籍管理：用于学生信息的添加、修改、删除。

②教学管理：包含成绩管理和课程管理两个子功能，分别用于成绩和课程添加、修改、删除。

③教材管理：用于教材信息的添加、修改、删除。

（4）细读数据字典。针对教学管理系统的需求，通过对业务流程和数据流程的分析，总结出需要以下信息：

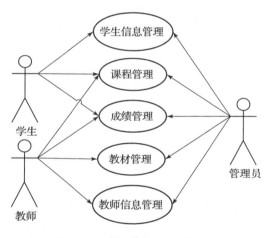

图 1 - 14 教学管理系统用例图

①学生信息：学号、姓名、性别、出生日期、专业、联系电话等；

②课程信息：课程号、课程名、学时、学分等；

③选课信息：学号、课程号、成绩等；

④教材信息：教材编号、教材名、出版社、价格等。

2. 数据库概念设计

根据教学管理系统的需求分析，进行数据库概念设计。

（1）定义实体。根据需求分析，找出数据实体。教学管理系统中存在学生、课程、教材 3 个实体。

（2）定义联系。根据需求分析，找出数据实体与实体间的联系。仔细分析可知，学生和课程之间存在"选修"的联系。一名学生可以选修多门课程，一门课程可以被多名学生选修，那么学生和课程之间的"选修"联系是多对多的，并且派生出成绩作为联系的属性。课程和教材之间存在"选用"的联系。假设一门课程选用一种教材，一种教材可被多门课程所选用，那么教材和课程之间的"选用"联系是一对多的。

（3）定义主码。根据需求分析，找出数据实体的主码。学生实体的主码为学号，课程实体的主码为课程号。

（4）定义属性。根据需求分析，找出数据实体的属性。根据需求分析的数据字典可以得到学生实体有学号、姓名、性别、出生日期、专业等属性。课程实体有课程号、课程名、学时和学分等属性。

（5）实体–联系模型设计。根据以上分析，教学管理系统数据库概念设计局部 E–R 图如图 1–15、图 1–16 所示，综合 E–R 图如图 1–17 所示。

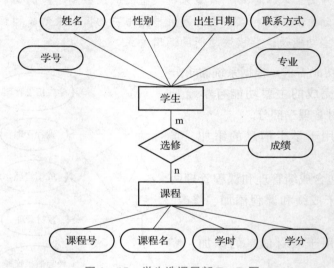

图 1–15　学生选课局部 E–R 图

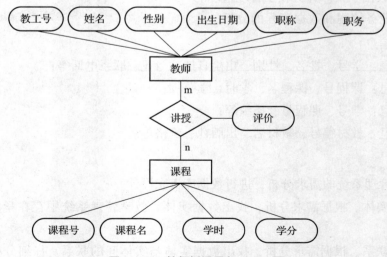

图 1–16　教师授课局部 E–R 图

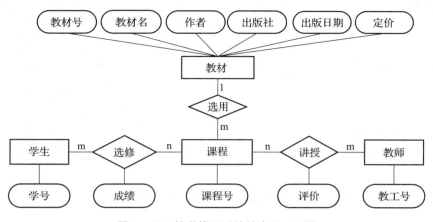

图 1-17　教学管理系统综合 E-R 图

提示： 教师实体与课程实体之间存在授课关系，一名教师可以讲授多门课程，一门课程可由多名教师讲授，故教师与课程之间的授课关系是多对多的，并且派生出评价作为联系的属性。教师实体同时也是人力资源管理系统存在的实体，起到了接口的作用，与课程实体的关系如图 1-16 所示。

1.3.3　图书管理系统数据库概念设计

1. 需求分析

（1）绘制图书管理部门组织结构图。组织结构是用户企业流程与信息的载体，对分析人员理解企业的业务、确定系统范围具有良好的帮助。取得用户的组织结构图，是需求分析步骤中的基础工作之一。图书管理部门组织结构图如图 1-18 所示。

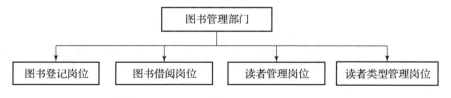

图 1-18　图书管理部门组织结构图

（2）绘制系统用例图。通过收集资料，并对资料进行分析整理，绘制出图书管理系统用例图，如图 1-19 所示。

（3）了解系统功能需求。根据系统需求分析，图书管理系统完成的主要功能有图书信息管理、图书借阅管理、读者信息管理、读者类型管理 4 部分。

①图书信息管理：用于添加、修改、删除图书信息。

②图书借阅管理：用于添加、修改、删除读者借阅图书信息。

③读者信息管理：用于添加、修改、删除读者信息。

④读者类型管理：用于添加、修改、删除读者类型信息。

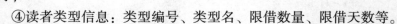

（4）细读数据字典。针对图书管理系统的需求，通过对业务流程和数据流程的分析，总结出需要以下信息：

①图书信息：图书编号、书名、作者、出版社、出版日期、定价、类别等；

②读者信息：读者编号、姓名、读者类型、已借数量；

③图书借阅信息：读者编号、图书编号、借期、还期等；

图 1-19　图书管理系统用例图

④读者类型信息：类型编号、类型名、限借数量、限借天数等。

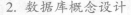

根据图书管理系统的需求分析，进行数据库概念设计。

（1）定义实体。根据需求分析，找出数据实体。图书管理系统中存在图书和读者两个实体。

（2）定义联系。根据需求分析，找出数据实体间的联系。仔细分析可知，图书和读者之间存在"借阅"联系。假设一位读者可以借阅多本图书，一本图书可以被多位读者借阅，那么读者和图书之间的"借阅"联系是多对多的，并且派生出借期和还期作为联系的属性。

（3）定义主码。根据需求分析，找出数据实体的主码。图书实体的主码为图书编号，读者实体的主码为读者编号。

（4）定义属性。根据需求分析，找出数据实体的属性。根据需求分析的数据字典可以得到图书实体有图书编号、书名、作者、出版社、出版日期和定价等属性。读者实体有读者编号、姓名、读者类型和已借数量等属性。

（5）实体-联系模型设计。根据以上分析，图书管理系统数据库概念设计 E-R 图如图1-20 所示。

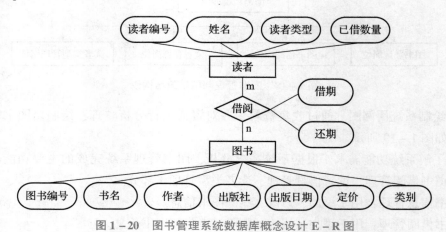

图 1-20　图书管理系统数据库概念设计 E-R 图

提示： 图 1 - 20 中读者实体的属性已借数量表示读者已经借阅的图书数量，属性读者类型可以进一步分解成类型编号、类型名称、限借数量、限借天数。

以上列举的概念设计是高校中人们非常熟悉的简单例子，目的在于使读者对数据库概念设计有一个初步的了解。在实际应用中数据库概念设计是非常复杂的，只能在工作中逐步学习和积累经验。

本章重点介绍了数据库系统的基本概念、数据库设计的方法与步骤，以教学管理系统和图书管理系统为例重点介绍了数据库概念设计，为后续学习打下基础。

1.4　任务训练——数据库概念设计

1. 实验目的

（1）自学 ERWin 数据建模工具。

（2）学会阅读需求分析报告。

（3）根据项目需求分析绘制概念模型（E - R 图）。

2. 实验内容

设计一个博客系统，根据需求分析确定实体、属性和联系并转换为 E - R 图。

3. 实验步骤

1）需求分析

了解系统功能需求。博客系统具有用户管理、评论管理、文章管理等功能。博客系统流程图如图 1 - 21 所示。

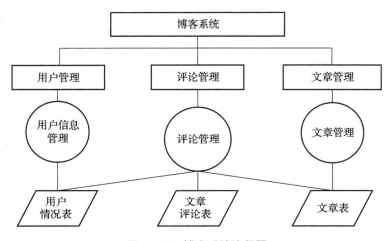

图 1 - 21　博客系统流程图

细读该图，总结出需要以下信息：

（1）用户信息，包括：用户名、密码、性别、邮箱地址及注册时间等。

（2）用户发表的文章，包括：文章 ID、用户名、文章标题、文章内容等。

（3）文章评论表，包括：文章 ID、用户名、评论人名称。

对于博客用户发布的文章，可允许多人评论，并保存发表文章的时间和评论文章的时间。

2）数据库概念设计

根据博客系统数据库的需求分析，进行数据库概念设计。

（1）定义实体。根据需求分析，找出数据实体。该系统中存在用户和文章两个实体。

（2）定义联系。根据需求分析，找出数据实体之间的联系。实体用户与实体文章之间有"发表"联系。一个用户可以发表多篇文章。用户和文章之间是一对多的联系。

（3）定义主码。根据需求分析，找出数据实体的主码。用户实体的主码为用户名，文章实体的主码为文章 ID。

（4）定义属性。根据需求分析，找出数据实体的属性。根据需求分析，可以得到实体和实体间联系的属性。

（5）实体 – 联系模型设计。根据以上分析，博客系统数据库概念设计 E – R 图如图 1 – 22 所示。有关数据库的规范化和完整性约束，将在第 2 章考虑。

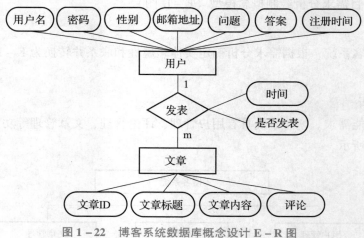

图 1 – 22　博客系统数据库概念设计 E – R 图

知识拓展

4. 问题讨论

概念模型和逻辑模型是一样的吗？

思考与练习

一、选择题

1. 数据库（DB）、数据库系统（DBS）和数据库管理系统（DBMS）的关系是（　　　）。

A. DBS 包括 DB 和 DBMS

B. DBMS 包括 DB 和 DBS

C. DB 包括 DBS 和 DBMS

D. DBS 就是 DB，也就是 DBMS

2. 以下不属于数据库系统特点的是（　　　　）。

A. 数据共享　　　　　　　　　　　B. 数据完整性

C. 数据冗余度高　　　　　　　　　D. 数据独立性高

3. 概念模型是现实世界的第一层抽象，这一类模型中最著名的模型是（　　　　）。

A. 层次模型　　　　　　　　　　　B. 关系模型

C. 网状模型　　　　　　　　　　　D. 实体 – 联系模型

4. 描述数据库全体数据的全局逻辑结构和特性的是（　　　　）。

A. 模式　　　　　　　　　B. 内模式　　　　　　　　　C. 外模式

5. 概念设计的结果是（　　　　）。

A. 一个与数据库管理系统相关的要领模型

B. 一个与数据库管理系统无关的概念模型

C. 数据系统的公用视图

D. 数据库系统的数据字典

6. 以下不属于数据库操纵语言（DML）的是（　　　　）。

A. ALTER　　　　　B. INSERT　　　　　C. DELETE　　　　　D. SELECT

7. 下列数据映像中，可以保证数据的物理独立性的是（　　　　）。

A. 外模式/模式　　　　　　　　　　B. 外模式/内模式

C. 模式/内模式　　　　　　　　　　D. 外模式/概念模式

8. SQL Server 2019 是一个（　　　　）的数据库系统。

A. 网状型　　　　　B. 层次型　　　　　C. 关系型　　　　　D. 以上都不是

9. SQL 语言按照用途可以分为 3 类，不包括（　　　　）。

A. DML　　　　　B. DCL　　　　　C. DDL　　　　　D. DQL

10. 每个教师可以讲授多门课程，每门课程至少由两名教师任课，课程与教师之间的联系是（　　　　）的。

A. 一对一　　　　　B. 一对多　　　　　C. 多对多　　　　　D. 多对一

二、应用题

1. 设计能够表示班级实体与学生实体关系的 E – R 图。

（1）确定班级实体和学生实体。

（2）确定班级实体和学生实体的属性。

（3）分别确定班级实体和学生实体的主属性。

（4）绘制班级实体和学生实体关系的 E – R 图。

2. 设计能够表示图书实体、图书管理员实体、读者实体关系的 E – R 图。

（1）确定图书实体、图书管理员实体、读者实体。

（2）确定图书实体、图书管理员实体、读者实体的属性。

（3）分别确定图书实体、图书管理员实体、读者实体的主属性。

（4）确定图书实体、图书管理员实体、读者实体的联系。

（5）绘制图书实体、图书管理员实体、读者实体的 E – R 图。

学习评价

评价项目	评价内容	分值	得分
数据库基础知识	理解数据库相关的基本概念	20	
数据库概念设计	能根据项目需求分析进行数据库概念设计	40	
绘制 E–R 图	能绘制系统 E–R 图	30	
职业素养	能与客户交流沟通；绘图精细与细心	10	
合计			

第 2 章

关系模型与逻辑设计

学习目标

- 能运用关系模型的基本知识将概念模型转化为关系模型。
- 能应用范式理论对关系模型进行规范化和优化。
- 能根据完整性规则对关系模型进行实体完整性、用户定义完整性和参照完整性设计。

学习导航

本章介绍的关系模型与逻辑设计属于逻辑设计阶段的内容,即将概念模型(E－R图)转换为逻辑设计的关系模型,使之成为数据库管理系统可处理的数据模型。本章学习内容在数据库应用系统开发中的位置如图2－1所示。

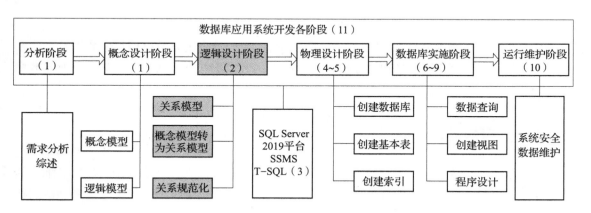

图 2－1　本章学习内容在数据库应用系统开发中的位置

2.1 任务1：认识关系模型

任务目标

- 掌握关系模型的基本概念。
- 理解术语的不同对照。

逻辑设计阶段的任务是设计数据库的逻辑结构，将概念结构转换为某个数据库管理系统所支持的数据模型（如关系模型），并对其进行优化。

2.1.1 关系模型组成要素

关系模型是指用二维表的形式表示实体和实体间联系的数据模型，由关系数据结构、关系数据操作和关系数据完整性约束 3 部分组成。

1. 关系数据结构

关系数据结构是所研究对象类型的集合。这些对象是数据库的组成成分，包括与数据类型、内容、性质有关的对象以及与数据之间的联系有关的对象。

2. 关系数据操作

关系数据操作是指对数据库中各种数据对象允许执行的操作的集合，包括操作及有关的操作规则，主要有检索和更新（包括插入、删除、修改）两大类操作。

3. 关系数据完整性约束

关系数据完整性约束是一组完整性规则的集合。完整性规则是数据模型中数据及其联系所具有的制约和依存规则，用以限定符合数据模型的数据库状态及状态的变化，以保证数据的正确性、有效性和一致性。

2.1.2 关系模型

数据库像一个数据仓库，存放着与应用程序相关的基础数据，这些数据通常以二维表的形式存放，表与表之间互相关联，这种存放数据的模型就是关系模型，以关系模型创建的数据库称为关系数据库。

1. 关系

关系（Relation）是满足一定条件的二维表，一个关系对应着一个二维表，二维表就是关系名。实体与实体之间的联系均由关系（二维表）来表示，并且满足以下特性：

（1）关系（二维表）的每一元组（行）定义实体集的一个实体，每一列定义实体的一个属性。

（2）每一列表示一个属性，且列名不能重复。

（3）关系必须有一个主码（关键字），用来唯一表示一个元组（行），即实例。

（4）列的每个值必须与对应属性的类型相同。

（5）列是不可分割的最小数据项。

（6）行、列的顺序无关紧要。

在关系模型中，常用的基本术语见表 2 – 1。

表 2 – 1　基本术语

序号	名称	定义	说明
1	关系	一个由行和列组成的二维表	学生表、课程表和选课表都是一个关系
2	元组	表中的一行即一个元组	一行信息就是一个元组
3	属性	表中的一列即一个属性	如学生表中的学号、姓名、性别等
4	键	能唯一确定表中一个元组的属性	如学生表中的学号、课程表中的课程号
5	域	属性的取值范围	如成绩为 0～100 分范围内、性别为男或女
6	分量	每一行对应的列的属性值，即元组中的一个属性值	如某个学生姓名为"张三"，就是姓名的一个分量

其中，在关系数据库中，键是一个非常重要的概念，其中最主要的有以下 3 个，见表 2 – 2。

表 2 – 2　键的定义与说明

序号	名称	定义	说明
1	候选键（Candidate Key，CK）	能唯一表示关系中的一个元组的属性或属性组，则称该属性或属性组为候选键，候选键可以有多个	学生情况关系表中的学号，若再增加一个属性身份证号码，则两者均为候选键，因能唯一标识关系中任一元组（学号或身份证号是不重复的）
2	主键（Primary Key，PK）	关系中的某个属性或属性组能唯一确定一个元组，即确定一个实体，一个关系中的主键只能有一个，主键也称为键或关键字	学生情况关系表中的学号、课程表中的课程号、选课表中的学号和课程号的组合作为主键
3	外键（Foreign Key，FK）	一个关系中的属性或属性组不是本关系的主键，而是另一关系的主键，则称该属性或属性组是该关系的外键，也称为外码	课程号在课程表中是主码，学号在学生情况关系表中是主键，但课程号、学号在选课表中是外键

2. 关系模式

为了形象化地表示一个关系，引入关系模式来表示关系。对关系的描述，一般为关系名（属性 1，属性 2，……，属性 n），若某一属性或属性组为主键，则用下划线表示。

例如：教学管理系统学生选课部分的 3 个关系模式分别如下（中文与对应的英文描述）：

（1）学生（学号，姓名，性别，出生日期，专业，联系方式）；

Student（SID，Sname，Sex，Birthday，Specialty，Telephone）。

（2）课程（课程号，课程名，学时，学分）；

Course（CID，Cname，Period，Credit）。

（3）选课表（学号，课程号，成绩）；

SC（SID，CID，Score）。

（4）主键：学号，课程号，学号和课程号组合键；

PK：SID，CID，SID 和 CID。

（5）外键：学号，课程号；

FK：SID，CID。

2.2　任务 2：认识关系操作

任务目标

- 理解关系的传统集合运算。
- 掌握专门的数据库关系运算。

关系操作是以关系代数为基础的，用对关系的运算来表达各种操作。一类是传统的集合运算，如并、交、差等；另一类是专门用于数据库操作的关系运算，如选择、投影和连接等。

2.2.1　传统集合运算

传统集合运算是二目运算，包括并、交、差、笛卡儿积 4 种运算。设关系 R 和关系 S 具有相同的目 n（即两个关系都有 n 个属性），且相应的属性取自同一个域，t 是元组变量（仅用于并、交、差），关系 R 为喜欢羽毛球的学生，关系 S 为喜欢篮球的学生，分别见表 2-3 和表 2-4。

表 2-3　喜欢羽毛球的学生关系 R 表

Sname	Sex
杨静	女
夏宇	男
李志梅	女
田聪	女
王欢	男

表 2-4　喜欢篮球的学生关系 S 表

Sname	Sex
侯爽	女
夏宇	男
王丽	女
田聪	女
赵本伟	男

1. 并 (Union，记作 R∪S)

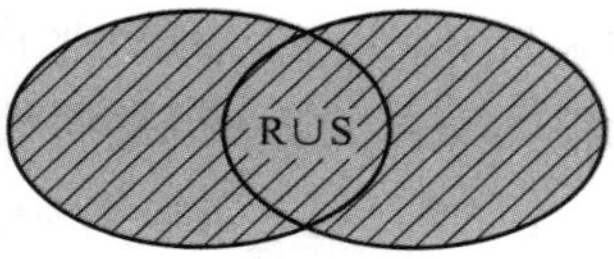

公式：R∪S = {t | t∈R∨t∈S}。

语义：t 元组属于 R 或者属于 S。

图示：图 2-2。

图 2-2　R∪S

【例 2-1】　运算出喜欢羽毛球或喜欢篮球的学生，见表 2-5。

表 2-5　并运算（R∪S）新关系

Sname	Sex	Sname	Sex
杨静	女	王欢	男
夏宇	男	侯爽	女
李志梅	女	王丽	女
田聪	女	赵本伟	男

2. 差 (Difference，记作 R-S)

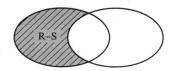

公式：R-S = {t | t∈R∧t∉S}。

语义：t 元组属于 R，但不属于 S。

图示：图 2-3。

图 2-3　R-S

【例 2-2】　运算出喜欢羽毛球但不喜欢篮球的学生，见表 2-6。

表 2-6　差运算（R-S）新关系

Sname	Sex	Sname	Sex
杨静	女	李志梅	女
王欢	男	—	—

3. 交 (Intersection，记作 R∩S)

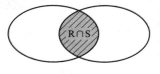

公式：R∩S = {t | t∈R∧t∈S} = R-(R-S)。

语义：t 元组属于 R 并且属于 S。

图示：图 2-4。

图 2-4　R∩S

【例 2-3】　运算出既喜欢羽毛球又喜欢篮球的学生，见表 2-7。

表 2-7　交运算（R∩S）新关系

Sname	Sex	Sname	Sex
夏宇	男	田聪	女

4. 笛卡儿积 (Cartesian Product)

假设关系 R 为 n 列（n 个属性），k1 行（k1 个元组）；关系 S 为 m 列（m 个属性），k2 行（k2 个元组）。笛卡儿积仍是一个关系，该关系的结构是 R 和 S 结构之连接，即前 n 个属性来自 R，后 m 个属性来自 S，该关系的值是由 R 中的每个元组连接 S 中的每个元组所构成元组的集合。新关系的属性个数等于 n + m，元组个数等于 k1 × k2。

【例 2 - 4】 关系 R 中，n = 2，k1 = 2，关系 S 中，m = 3，k2 = 4，进行笛卡儿积运算后的结果如图 2 - 5 所示。

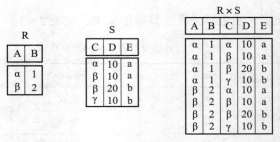

图 2 - 5 笛卡尔积（R × S）运算

2.2.2 专门的关系运算

专门的关系运算既可以从关系的水平方向进行，也可以从关系的垂直方向进行，包括投影、选择和连接 3 种运算。

1. 投影（Projection）

投影是从关系 R 中按所需顺序选取若干个属性构成新的关系。新关系的元组数小于或等于原关系的元组数，新关系的属性数不多于原关系中的属性数。投影操作是从列的角度进行的运算。

专门的关系运算

【例 2 - 5】 运算出学生情况关系 R（图 2 - 6）中的学生学号、姓名、性别的情况，投影运算结果如图 2 - 7 所示。

CYP.EDUC - dbo.Student

SID	Sname	Sex	Birthday	Specialty	Telephone
2020051001	杨静	女	2001-05-05	计算机应用技术	13224089416
2020051002	夏宇	男	2000-04-27	计算机应用技术	13567895214
2020051003	李志梅	女	2002-08-18	计算机应用技术	18656253256
2020051005	方孟天	男	2000-10-06	软件技术	13852453256
2020051006	李盼盼	女	2001-04-12	软件技术	13552436188
2020051007	田聪	女	2002-10-11	云计算计算应用	13752436148
2020051183	郝静	女	2001-08-24	软件技术	13452456185
2020051202	王丽	女	2001-07-05	云计算技术应用	13659875234
2020051206	侯爽	女	2001-05-29	计算机网络技术	13952436165
2020051231	吕珊珊	女	2000-10-27	大数据技术	13752436179
2020051232	杨树华	女	2001-07-05	计算机网络技术	13752436175
2020051235	周梅	女	2001-06-22	计算机网络技术	13752436195
2020051302	王欢	男	2000-08-26	计算机网络技术	13752436765
2020051328	程伟	男	2002-01-30	软件技术	13243542436
2020051424	赵本伟	男	2001-09-03	大数据技术	13786532459
2020051504	张峰	男	2002-09-03	云计算技术应用	13567424242

SID	Sname	Sex
2020051001	杨静	女
2020051002	夏宇	男
2020051003	李志梅	女
2020051005	方孟天	男
2020051006	李盼盼	女
2020051007	田聪	女
2020051183	郝静	女
2020051202	王丽	女
2020051206	侯爽	女
2020051231	吕珊珊	女
2020051232	杨树华	女
2020051235	周梅	女
2020051302	王欢	男
2020051328	程伟	男
2020051424	赵本伟	男
2020051504	张峰	男

图 2 - 6 学生情况关系 R　　　　　　　　图 2 - 7 投影运算后的新关系

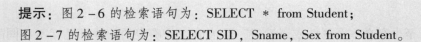

提示： 图 2-6 的检索语句为：SELECT ＊ from Student；

图 2-7 的检索语句为：SELECT SID，Sname，Sex from Student。

2. 选择（Selection）

选择又称为限制（Restriction），它是在关系 R 中选择满足给定条件的元组。运算结果的元组数不多于原关系中的元组数，选择是从行的角度进行的运算。

【例 2-6】 在学生情况关系 R（图 2-6）中选择男生，如图 2-8 所示。

SID	Sname	Sex	Birthday	Specialty	Telephone
2020051002	夏宇	男	2000-04-27	计算机应用技术	13567895214
2020051005	方孟天	男	2000-10-06	软件技术	13852457174
2020051302	王欢	男	2000-08-26	计算机网络技术	13752436195
2020051328	程伟	男	2002-01-30	软件技术	13752436147
2020051424	赵本伟	男	2001-09-03	大数据技术	13252436173
2020051504	张峰	男	2002-09-03	云计算技术应用	13772436158

图 2-8 选择运算后的新关系

提示： 图 2-8 的检索语句为：SELECT ＊ from Student WHERE Sex ='男'。

3. 连接（Join）

连接是对两个关系 R 和 S 的笛卡儿积，按相应属性值的比较条件 θ 进行选择，生成一个新关系，也称为 θ 连接。

1）等值连接（Equi-Join）

如果在 R 和 S 的连接运算中，比较条件为等于，则在关系 R 和 S 的笛卡儿积中，按相应属性值的比较条件 θ 进行选择，这是最有实际意义的一种连接。

2）自然连接（Natural Join）

自然连接是一种特殊的等值连接，它要求两个关系中进行比较的分量必须是相同的属性组，并且在结果中把重复的属性去掉，即等值连接 + 去重复属性，记作 R▷◁S，如图 2-9 所示。

R

A	B	C
1	2	3
4	5	6
7	8	9

S

C	D
3	1
6	2

R▷◁S

A	B	C	D
1	2	3	1
4	5	6	2

图 2-9 自然连接新关系

2.2.3 关系完整性约束

关系完整性约束用于保证关系模型（表）中数据的正确性、一致性和有效性，防止数据被破坏。关系完整性包括实体完整性、用户（含域）定义完整性和参照完整性 3 个方面。每种完整性都有完整性规则，需要用户在定义关系数据库时给出相应的定义。

1. 实体完整性

在一个关系中，至少存在一个属性或属性组，取值应该是确定的，并且是互不相同的，称为主键，由此来唯一标识相应的实体。关系的主键不能取空值（Null）。

例如：在关系 Student 中，学号是主键，不能为空值。若发现主键为空或已有相同主键值存在，将给出错误信息并要求用户纠正以保证数据的完整性。

> 提示：空值不是 0，也不是空字符串，而是没有值。

2. 用户（含域）定义完整性

某个属性必须在给定域范围内取值，用属性取值满足某种条件或函数要求，包括对每个关系的取值限制（约束）的具体定义设置完整性。

例如：在关系 Student 中，进行插入操作更新数据时，检查性别取值是否为"男"或"女"，若不满足将拒绝输入，并给出错误提示信息，保证数据的正确性。

3. 参照完整性

若一个关系 R1 中外键的取值要参照另一个关系 R2 中主键的取值，则称 R1 为参照关系、引用关系、子关系、子表等，称 R2 为被参照关系、被引用关系、父关系、父表等。

例如：在参照关系 SC 中插入数据时，检查 SID 的值是否在被参照关系 Student 的 SID 属性值中存在。若存在，则可执行插入操作，否则不能执行插入操作，从而避免无此学生却有该学生的选课情况。在删除被参照关系 Student 的元组时，也要检查 SID 是否被参照关系 SC 引用，根据关系设置确定是否删除或者级联删除等从而避免该学生不存在，却还有该学生的选课情况。同理，被参照关系 Course 采用类似操作。

2.3 任务 3：认识实体 – 联系模型到关系模型的转换

任务目标

- 掌握实体转换为关系模式的方法。
- 掌握联系转换为关系模式的方法。

实体 – 联系模型到关系模型的转换，要解决的问题是如何实现将实体和实体间的联系转换为关系模式，如何确定这些关系模式的属性和键。本节介绍把 E – R 图中实体、实体的属性和实体之间的联系转换为关系模式的原则。

实体 – 联系模型到
关系模型的转换

2.3.1 实体（E）转换为关系模式的方法

一个实体转换为一个关系模式，实体名就是关系名、实体的属性就是关系的属性、实体的主码就是关系的主键，实体 – 联系模型中有几个实体（矩形框）就转换成几个关系。

例如：学生实体转换为关系模式。

学生实体有学号、姓名、性别、出生日期、专业、联系方式等属性，主键是学号。转换成关系模式为：学生（学号，姓名，性别，出生日期，专业，联系方式）主键：学号。

英文标识的标准命名标识符：Student（SID，Sname，Sex，Birthday，Speciality，Telephone）　PK：SID。

2.3.2 联系（R）转换为关系模式的方法

实体 – 联系模型向关系模型转换时，除了将实体转换为关系外，还需要将实体之间的联系正确转换为关系。实体之间的联系类型不同，转换规则也不同。

1. 一对一（1∶1）

将联系与任意端实体所对应的关系模式合并，并加入另一端实体的主键和联系本身的属性。

【例2−7】　假设实体班级（班级号，班级名）与实体班长（学号、姓名）之间的"任职"联系是1∶1的联系。实体 – 联系模型如图2−10所示，试将其转换为关系模型。

将联系与任意端实体所对应的关系模式合并，加入另一端实体的主码和联系的属性。实体班级（班级号，班级名）与实体班长（学号、姓名）转换为关系分别为：

Class（ClassID，ClassName）　PK：ClassID；

Monitor（SID，Name，ClassID，EmployedDate），PK：SID　FK：ClassID。

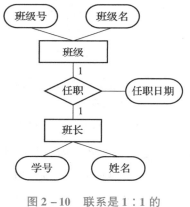

图 2 – 10　联系是 1∶1 的
实体 – 联系模型

2. 一对多（1∶n）

将联系与多端实体所对应的关系模式合并，加入一端实体的主键和联系的属性。

【例2−8】　在图书管理系统中，读者实体类型与读者实体的联系是1∶m的。实体 – 联系模型如图2−11所示，试将其转换为关系模型。

首先，将中文实体、联系和属性名转换为英文标识的标准命名标识符：

读者：Reader，读者编号：RID，姓名：Rname，已借数量：Lendnum；

读者类型：ReaderType，类型编号：TypeID，类型名称：Typename，限借数量：LimitNum，限借天数：LimitDays。

转换为关系分别为：

Reader（RID，Rname，Lendnum）　PK：RID；

ReaderType（TypeID，Typename，LimitNum，LimitDays）　PK：TypeID。

由于读者类型与读者之间的联系是一对多（1∶m）的，将联系的属性借阅数量和一端的主码放在多端，故此转换后的情况为：

增加外键（FK）TypeID 后，读者实体更改成 Reader（<u>RID</u>，Rname，TypeID，Lendnum），读者类型实体转换后的关系不变。

3. 多对多（m : n）

将联系转换为一个关系模式。将联系相连的各实体的主键和联系本身的属性转换为关系的属性。

【例2-9】 教学管理系统的学生选课子系统中，学生实体和课程实体的联系是多对多（m : n）的。实体-联系模型如图2-12所示，试将其转换为关系模型。

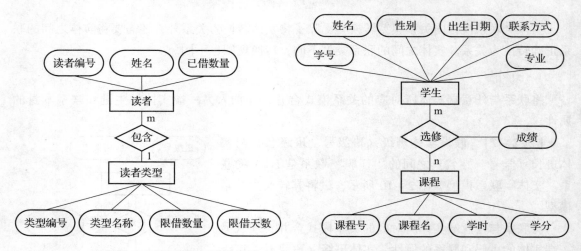

图2-11 联系是 1 : m 的实体-联系模型　　　图2-12 联系是 m : n 的实体-联系模型

首先，将中文实体、联系和属性名转换为英文标识的标准命名标识符：

学生：Student，学号：SID，姓名：Sname，性别：Sex，出生日期：Birthday，专业：Specialty，联系方式：Telephone；

课程：Course，课程号：CID，课程名：Cname，学时：Period，学分：Credit。

联系是多对多（m : n）的，转换为关系后新增一个关系（选课：SC，成绩：Score），转换后的关系模式为：

Student（<u>SID</u>，Sname，Sex，Birthday，Specialty，Telephone）　　PK：SID；

Course（<u>CID</u>，Cname，Period，Credit）　　PK：CID；

SC（<u>SID</u>，<u>CID</u>，Score）　　PK：SID 和 CID　FK：SID，CID。

【例2-10】 图书管理系统中借阅实体-联系模型如图2-13所示，试将其转换为关系模型。

首先，将中文实体、联系和属性名转换为英文标识的标准命名标识符：

读者：Reader，读者编号：RID，姓名：Rname，读者类型：TypeID，已借数量：Lendnum；

图书：Book，图书编号：BID，书名：Bname，作者：Author，出版社：PubComp，出版日期：PubDate，价格：Price，类别：Class；

借阅：Borrow，借期：LendDate，还期：ReturnDate。

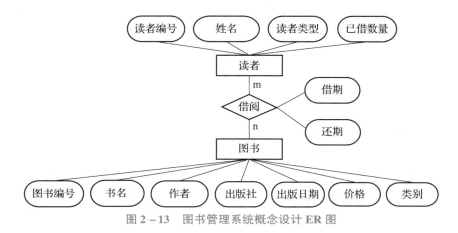

图 2-13 图书管理系统概念设计 ER 图

读者实体和图书实体的联系是多对多（m∶n）的，借阅联系转换成一个关系模式 Borrow，其属性有读者编号 RID 和图书编号 BID，再加上的联系的属性借期 LendDate 和还期 ReturnDate，由于读者类型实体和读者实体的联系是 1∶n 的，如图 2-16 所示，则转换后的关系模式为：

Reader（RID，Rname，ReaderType，Lendnum）　　PK：RID；

Book（BID，Bname，Author，PubComp，PubDate，Price，Class）　　PK：BID；

Borrow（RID，BID，Lendate，ReturnDate）PK：RID，BID 和 Lendate　　FK：RID，BID。

读者类型实体还可进行拆分，将在 2.5 节对图书管理系统的数据模型进行规范化。

2.4 任务 4：认识关系规范化

任务目标

● 掌握关系规范化的基本概念。

● 掌握对关系规范化的方法。

为了建立冗余较小、结构合理的数据库，构造数据库时必须遵循一定的规则，在关系数据库中这种规则就是范式。关系数据库的关系必须满足一定的要求，即满足不同的范式。目前共有 6 种范式——第一范式（1NF）、第二范式（2NF）、第三范式（3NF）、BC 范式（BCNF）、第四范式（4NF）和第五范式（5NF），规范化程度依次增高，一般数据库要求满足到第三范式，所以本节只介绍到第三范式。

关系规范化的基本概念解释如下：

（1）不规范：产生数据冗余，带来很多问题；

（2）规范：提高数据的结构化、共享性、一致性和可操作性；

（3）范式：规范化的程度和级别；

关系规范化

（4）规范化：在关系数据库中每个关系都需要进行规范化，使之达到一定的规范化程度。

2.4.1 第一范式1NF（First Normal Form）

关系模式 R 中的所有属性都是不可再分的，则称 R 是第一范式，记为 $R \in 1NF$。第一范式是最基本的范式。

【例2-11】 学生情况关系表见表2-8，对其进行规范化。

表2-8 学生情况关系表

学号	姓名	性别	联系方式	
			手机	座机
2020051001	杨静	女	13224089416	028-86124578
2020051002	夏宇	男	13567895214	010-85265324

联系方式属性可以再分，不符合第一范式的要求，方法一是将联系方式属性进行分割，结果见表2-9；方法二是将原关系分解为两个关系，见表2-10、表2-11。

表2-9 满足第一范式的关系表

学号	姓名	性别	手机电话	固定电话
2020051001	杨静	女	13224089416	028-86124578
2020051002	夏宇	男	13567895214	010-85265324

表2-10 学生情况表

学号	姓名	性别
2020051001	杨静	女
2020051002	夏宇	男

表2-11 学生电话表

学号	手机电话	固定电话
2020051001	13224089416	028-86124578
2020051002	13567895214	010-85265324

2.4.2 第二范式2NF（Second Normal Form）

如果关系模式 $R \in 1NF$，且它的任一非主属性都完全函数依赖任一候选码，则称 R 满足第二范式，记为 $R \in 2NF$。

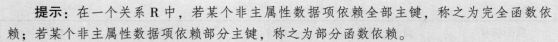

提示： 在一个关系 R 中，若某个非主属性数据项依赖全部主键，称之为完全函数依赖；若某个非主属性数据项依赖部分主键，称之为部分函数依赖。

例如关系模式：学生（学号，姓名，课程号，分数），其中候选键为 {学号，课程号}，依赖关系有：{学号，课程号}→分数，学号→姓名，此依赖关系说明非主属性依赖部分主键，存在部分函数依赖。

【例 2 – 12】 有一学生成绩表，见表 2 – 12。

表 2 – 12　学生成绩表

学号	姓名	性别	出生日期	专业	课程号	成绩
2020051001	杨静	女	2001 – 05 – 05	计算机应用技术	16020010	96
2020051002	夏宇	男	2000 – 04 – 27	计算机应用技术	16020012	78
2020051202	王丽	女	2001 – 07 – 05	云计算技术应用	16020010	67

在此关系中，主键为 {学号，课程号}，其中，姓名、性别、出生日期、专业属性都依赖学号，成绩属性依赖学号和课程号，故必须将此关系分成两个表，见表 2 – 13 和表 2 – 14。

表 2 – 13　规范化后的学生表

学号	姓名	性别	出生日期	专业
2020051001	杨静	女	2001 – 05 – 05	计算机应用技术
2020051002	夏宇	男	2000 – 04 – 27	计算机应用技术
2020051202	王丽	女	2001 – 07 – 05	云计算技术应用

表 2 – 14　规范化后的成绩表

学号	课程号	成绩
2020051001	16020010	96
2020051002	16020012	78
2020051202	16020010	67

2.4.3　第三范式 3NF（Third Normal Form）

如果关系模式 R∈2NF，且每一个非主属性不依赖任一候选键，即该关系中的任何两个非主键字段的值之间不存在函数依赖关系，那么该关系满足第三范式，记为 R∈3NF。

【例 2 – 13】 有一商品表，见表 2 – 15。

表 2 - 15   商品表

商品编号	商品名称	单价	数量	总价
211001	键盘	40	20	800
211002	鼠标	60	10	600

为了能满足第三范式，应该将"总价"字段去掉。

【例 2 - 14】 规范化图书管理系统数据模型。

读者类型 ReadType 可以进行拆分，包含类型编号、类型名、限借数量、限借天数等属性，故规划化后的关系模型如下：

ReaderType（<u>TypeID</u>，TypeName，LimitNum，LimitDays）   PK：TypeID；

Reader（<u>RID</u>，Rname，TypeID，Lendnum）   PK：RID，FK：TypeID；

Book（<u>BID</u>，Bname，Author，PubComp，PubDate，Price，Class）   PK：BID；

Borrow（<u>RID</u>，<u>BID</u>，Lendate，Lendnum）   PK：RID，BID 和 Lendate   FK：RID，BID。

本章重点介绍了关系数据模型的关系数据结构、关系操作集合和关系完整性规则 3 个要素。同时介绍了数据库逻辑设计的实体 - 联系模型到关系模型的转换方法和规范化方法，为进一步进行数据库物理设计打下了基础。

2.5 任务训练——逻辑设计

1. 实验目的

（1）将实体 - 联系模型转换为关系模型。

（2）将转换后的关系模型规范化为第三范式。

（3）进行关系的主键、外键和约束设置。

2. 实验内容

（1）将博客系统 E - R 图转换为关系。

（2）将转换后的关系规范化为第三范式。

3. 实验步骤

1）实体 - 联系模型到关系模型的转换

（1）实体（E）转换为关系模式。

实体用户表（用户名，密码，性别，邮箱，问题，答案，注册时间）转换为关系为：

Users（UserName，PassWord，Sex，Email，Question，Answer，RegTime）

实体文章表（文章 ID，文章标题，内容，评论）转换为关系为：

Article（ArticleID，Subject，Content，Comment）

（2）联系（R）转换为关系模式。

由于实体用户（Users）与实体文章（Article）之间是一对多的联系，联系的属性包括是否发表（Pub）、发表时间（ShiJian），转换为关系时，联系的属性放在多端实体文章端（Article），并加入一端的主键，那么新生成的实体文章（Article）转换为关系为：

Article（ArticleID，UserName，Subject，Content，ShiJian，Pub，Comment）

2）关系规范化

在以上实体和联系关系中，属性评论（Comment）还有子属性，放在关系文章中会带来冗余，不够规范，将其分解使之规范。文章与分解了的评论的联系是一对多的，所以只需要将联系与多端实体所对应的关系模式合并，加入一端实体文章的主码和联系的属性即可。分解的关系如下：

Comment（ArticleID，UserName，Content，ShiJian）

知识拓展

4. 问题讨论

概念模型与关系模型之间的对应关系如何？

思考与练习

一、填空题

1. 能唯一标识一个元组的属性或属性组称为_____。

2. 关系模型中一般将数据完整性分为 3 类：_____、_____、_____。

3. 关系代数运算中，专门的关系运算有_____、_____、_____。

4. 关系数据模型中，二维表的列称为_____，二维表的行称为_____。

5. SQL 语言十分简洁，语法简单，按其功能可以分为四大部分，分别是_____、_____、_____和_____。

二、选择题

1. 如果采用关系数据库实现应用，在数据库的逻辑设计阶段需将（　　）转换为关系数据模型。

A. 实体 – 联系模型　　B. 层次模型　　　　C. 关系模型　　　　D. 网状模型

2. 在关系模型中，字段称为（　　）。

A. 属性　　　　　　B. 属性值　　　　　C. 值　　　　　　　D. 参数

3. 在一个关系中，能唯一标识元组的属性集称为关系的（　　）。

A. 副键　　　　　　B. 主键　　　　　　C. 从键　　　　　　D. 参数

4. 下列选项中，不属于数据模型组成要素的是（　　）。

A. 数据结构　　　　B. 数据操作　　　　C. 数据的约束条件　　D. 数据共享性

5. 若将如下实体 – 联系模型转换为关系模式，则下列说法中正确的是（　　）。

职员　n　属于　1　部门

A. 设计一个职员关系，将部门的所有属性放到职员关系中

B. 设计一个部门关系，将职员的所有属性放到部门关系中

C. 设计部门和职工两个关系，将职员的主码加入部门关系中

D. 设计部门和职工两个关系，将部门的主码加入职员关系中

6. 关系代数的 R∩S 运算等价于（　　　　）。

A. R－（R－S）　　　　B. S－（R－S）　　　　C. R∪（R－S）　　　　D. S∪（R－S）

7. 实体－联系模型转换成关系模型的过程属于（　　　）。

A. 需求分析　　　　B. 概念设计　　　　C. 逻辑设计　　　　D. 物理设计

学习评价

评价项目	评价内容	分值	得分
关系模型的基本概念	理解关系模型的基本概念	10	
关系完整性约束	理解关系完整性约束的含义	10	
概念模型转换成关系模型	能将系统概念模型转换成关系模型	40	
关系模型优化	能对关系模型进行优化	30	
职业素养	灵活变通、举一反三	10	
合计			

第**3**章

SQL Server 2019的 安装与配置

学习目标

- 能完成 SQL Server 2019 的安装与配置。
- 能掌握 SQL Server 2019 常用组件的使用。

学习导航

本章介绍 SQL Server 2019 的安装与使用，属于数据库系统开发过程中平台的搭建和使用。本章学习内容在数据库应用系统开发中的位置如图 3 - 1 所示。

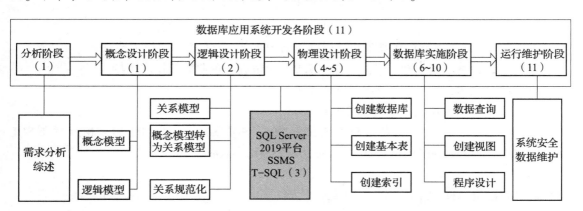

图 3 - 1 本章学习内容在数据库应用系统开发中的位置

3.1 任务1：认识与安装 SQL Server 2019

任务目标

- 了解 SQL Server 的发展史、各个版本及运行环境的要求。
- 掌握安装和卸载 SQL Server 2019 的方法。

2019 年 11 月 7 日在 Microsoft Ignite 2019 大会上，微软公司正式发布了新一代数据库产品 SQL Server 2019。它为所有数据工作负载带来了创新的安全性和合规性功能、业界领先的性能、任务关键型可用性和高级分析，还支持内置的大数据。

3.1.1 SQL Server 发展史

SQL Server 是微软公司的一个关系数据库管理系统，它的历史是从 Sybase 开始的。SQL Server 从 20 世纪 80 年代后期开始开发，最早起源于 1987 年的 Sybase。

1988 年，微软公司、Sybase 公司和 Ashton – Tate 公司合作，在 Sybase 的基础上生产出了在 OS/2 操作系统上使用的 SQL Server 1.0。

1989 年，SQL Server 1.0 面世，Ashton – Tate 公司退出 SQL Server 的开发。

1990 年，SQL Server 1.1 面世，并被微软公司正式推向市场。

1992 年，微软公司和 Sybase 公司共同开发的 SQL Server 4.2 面世。

1995 年，SQL Server 6.0 发布。随后推出的 SQL Server 6.5 取得巨大成功。

1998 年，微软公司发布了 SQL Server 7.0，开始进军企业级数据库市场。

2000 年，微软公司发布了 SQL Server 2000。

2005 年，微软公司发布了 SQL Server 2005。

从 2008 年起，微软公司发布 SQL Server 2008、SQL Server 2008 R2 后，相继发布 SQL Server 2014、SQL Server 2016、SQL Server 2017、SQL Server 2019。

3.1.2 SQL Server 2019 的版本介绍

SQL Server 2019 分为 5 个版本，分别是 SQL Server 2019 企业版、标准版、网络版、开发版，快速版，其功能和作用也各不相同。

1. 企业版（SQL Server Enterprise Edition）

企业版提供了全面的高端数据中心功能，具有极高的性能和无限虚拟化，还具有端到端商业智能，可以为任务关键工作负载和最终用户访问数据提供高级别服务。

2. 标准版（SQL Server Standard Edition）

标准版提供了基本数据管理和商业智能数据库，供部门和小型组织运行其应用程序，并支持将常用开发工具用于本地和云，有助于以最少的 IT 资源进行有效的数据库管理。

3. 网络版（SQL Server Web Edition）

对于 Web 主机托管服务提供商和 Web VAP 而言，网络版是一项总拥有成本较低的选择，它可针对从小规模到大规模 Web 资产等内容提供可伸缩性、经济性和可管理性能力。

4. 开发版（SQL Server Developer Edition）

开发版支持开发人员基于 SQL Server 构建任意类型的应用程序。它包括企业版的所有功能，但有许可限制，只能用作开发和测试系统，而不能用作生产服务器。开发版是构建和测试应用程序的人员的理想之选。

5. 快速版（SQL Server Express Edition）

快速版本是入门级的免费数据库，是学习和构建桌面及小型服务器数据驱动应用程序的理想选择。它是独立软件供应商、开发人员和热衷于构建客户端应用程序的人员的最佳选择。如果需要使用更高级的数据库功能，则可以将快速版无缝升级到其他更高端的 SQL Server 版本。SQL Server Express LocalDB 是快速版的一种轻型版本，该版本具备所有可编程性功能，在用户模式下运行，并且具有零配置安装快速和必备组件要求较少的特点。

3.1.3　SQL Server 2019 的运行环境

在安装 SQL Server 2019 之前，必须配置适当的硬件和软件，并保证它们正常运行，这样可以避免安装过程发生问题。由于篇幅所限，本节内容全部以 Windows 10 与 SQL Server 2019 为例。

1. 硬件要求

SQL Server 2019 的硬件要求见表 3 – 1。在运行安装程序以安装或升级 SQL Server 2019 之前，请检查系统驱动器中是否有至少 6.0 GB 的可用磁盘空间用来存储这些文件。即使在将 SQL Server 2019 组件安装到非默认驱动器中时，此项要求也适用。

表 3 – 1　SQL Server 2019 的硬件要求

序号	组件	要求
1	硬盘	SQL Server 2019 要求最少 6 GB 的可用硬盘空间
2	监视	SQL Server 2019 要求有 Super – VGA（800×600）或更高分辨率的显示器
3	Internet	使用 Internet 功能需要连接 Internet（可能需要付费）
4	内存	最低要求： 快速版：512 MB 所有其他版本：1 GB 推荐： 快速版：1 GB 所有其他版本：至少 4 GB，并且应随着数据库大小的增加而增加以确保最佳性能

续表

序号	组件	要求
5	处理器速度	最低要求：x64 处理器，1.4 GHz 推荐：2.0 GHz 或更高
6	处理器类型	x64 处理器：AMD Opteron、AMD Athlon 64、支持 Intel EM64T 的 Intel Xeon，以及支持 EM64T 的 Intel Pentium Ⅳ

2. 软件要求

以下软件要求适用于所有版本的 SQL Server 2019，见表 3 - 2。

表 3 - 2　SQL Server 2019 的软件要求

序号	组件	要求
1	操作系统	Windows10 TH1 1507 或更高版本 Windows Server 2016 或更高版本
2	. NET Framework	最低版本操作系统包括最低版本 . NET 框架
3	网络软件	SQL Server 2019 支持的操作系统具有内置网络软件。独立安装项的命名实例和默认实例支持以下网络协议：共享内存、命名管道和 TCP/IP

3.1.4　SQL Server 2019 的安装

通过浏览器访问微软公司官网进入 SQL Server 2019 的下载页面，官网提供 180 天的 Windows SQL Server 2019 免费试用。也可以选择两个免费的版本，开发版许可在非生产环境下用作开发和测试数据库；快速版非常适用于桌面、Web 和小型服务器应用程序的开发和生产。

下面以安装 SQL Server 2019 开发版为例，介绍具体安装步骤。

（1）下载安装文件。

访问微软公司官网（https://www.microsoft.com/zh - cn/sql - server/sql - server - downloads），选择免费版本，直接单击下载。双击启动安装文件 SQL2019-SSEI-Dev.exe。

（2）选择基本安装类型。

选择安装类型，可以选择"基本"与"自定义"，这里选择"基本"，如图 3 - 2 所示。

> 提示：初学者选择"基本"，其他读者可根据个人需求选择"自定义"，此处省略"自定义"安装过程，详情可查阅网络。

（3）在弹出的对话框中选择语言"中文（简体）"，然后单击"接受"按钮，如图 3 - 3 所示。

（4）根据自己的需求，选择合适的安装路径，最后单击"安装"按钮。这里选择默认设置，如图 3 - 4 所示。

（5）等待安装完成，如图 3 - 5 ~ 图 3 - 8 所示。如果出现安装失败，则关闭返回安装步骤（1）重新安装即可。

图 3 – 2　"选择安装类型"界面

图 3 –3　"选择语言"界面

图 3 – 4　指定 SQL Server 2019 安装位置界面

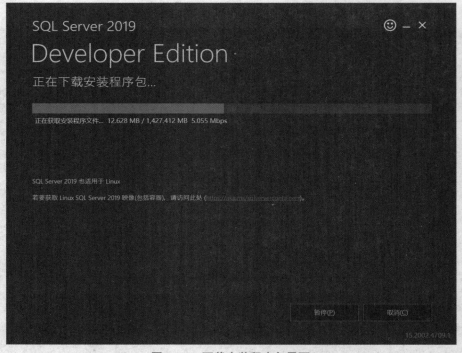

图 3 – 5　下载安装程序包界面

（6）下载安装 SSMS。

SQL Server 2019 安装完成之后需要安装 SSMS 来管理，直接单击图 3 – 8 中的"安装

SSMS"按钮或者进入微软公司官网进行下载。单击⊕ **下载** SQL Server Management Studio (SSMS)⌁链接下载完成之后，双击运行下载文件"SSMS – Setup – CHS. exe"，根据自己的需求更改安装路

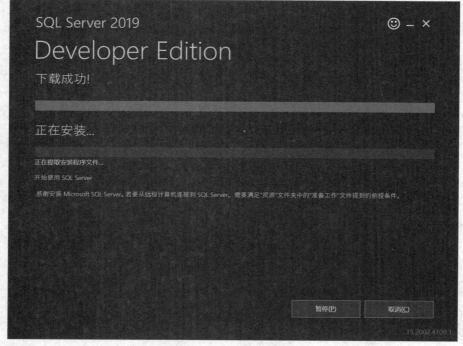

图 3 – 6 下载成功界面

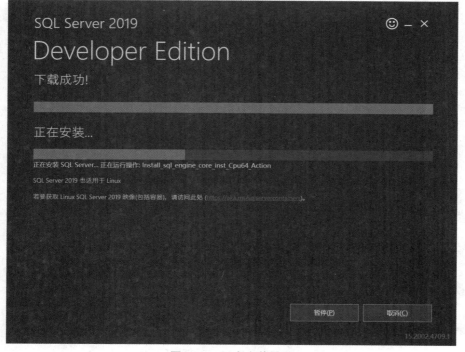

图 3 – 7 正在安装界面

径或者直接单击"安装"按钮即可。最后单击"关闭"按钮，表示 SSMS 安装完成，如图 3 - 9～图 3 - 11 所示，至此 SQL Server 2019 开发版成功安装。

图 3 - 8　安装成功界面

图 3 - 9　选择 SSMS 安装路径界面

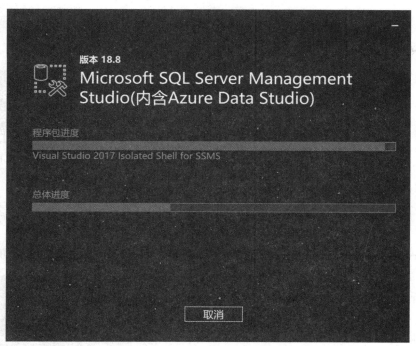

图 3 – 10　SSMS 安装界面

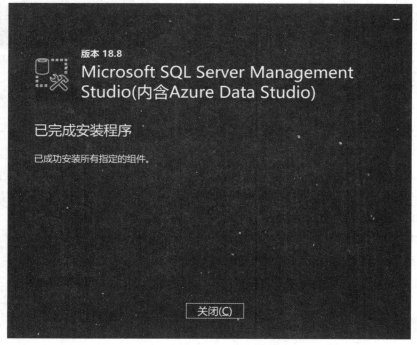

图 3 – 11　SSMS 安装完成界面

3.2 任务2：常用组件的使用

任务目标

- 了解 SQL Server 2019 的常用组件。
- 掌握常用组件的使用方法。

SQL Server 2019 常用组件是该开发平台经常使用到的，通过熟练使用常用组件，达到熟练掌握平台的目的。

常用组件的使用

3.2.1 使用 SQL Server Configuration Manager

SQL Server Configuration Manager 配置管理器为 SQL Server 2019 服务、服务协议、客户端协议和客户端别名提供基本配置管理。选择"开始"→"所有程序"→"Microsoft SQL Server 2019"→"SQL Server 2019 配置管理器"命令，如图 3-12 所示。

打开 SQL Server Configuration Manager 配置管理器，使用 SQL Server Configuration Manager 配置管理器可以完成如下功能：

（1）启动、停止、暂停、继续或重新启动服务。用鼠标右键单击右侧名称列表中"SQL Server（MSSQLSERVER）"即可选择此操作，如图 3-13 所示。

图 3-12 打开 SQL Server 2019 配置管理器

（2）管理服务器和客户端网络协议。提供的协议包括有：Share Memory、TCP/IP、Name Pipes、VIA，如图 3-14 所示。

（3）更改服务使用账户。可以为不同的服务指定不同的账户，在此可以通过 SQL Server Configuration Manager 配置管理器来对原来指定的账户进行修改。用鼠标右键单击左右侧名称列表中的"SQL Server（MSSQLSERVER）"，选择"属性"命令，打开"SQL Server（MSSQLSERVER）"对话框，如图 3-15 所示。在此可以修改内置账户与本账户的属性。

（4）修改服务启动模式。在"SQL Server(MSSQLSERVER)属性"对话框中，选择"服务"选项卡，可将"启动模式"设置为"自动""手动"或"已禁用"，如图 3-16 所示。

3.2.2 使用 SQL Server Management Studio

SQL Server Management Studio（SSMS）是一个集成的环境，用来访问、配置、管理和开发 SQL Server 2019。

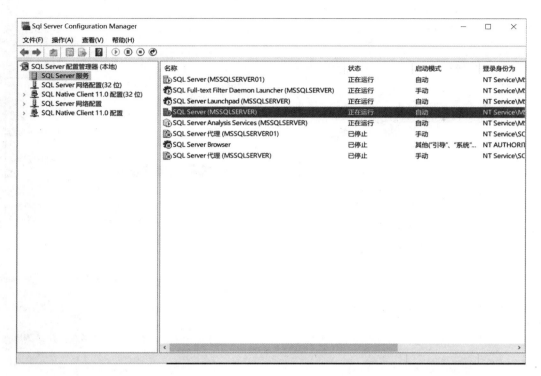

图 3 – 13　SQL Server 服务设置窗口

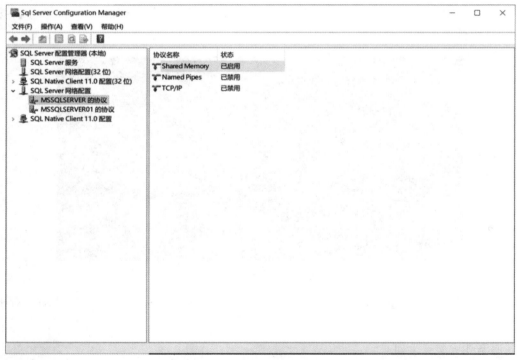

图 3 – 14　MSSQLSERVER 的协议窗口

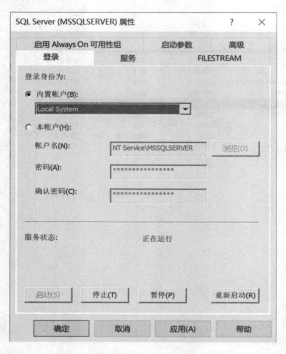

图 3 – 15　修改内置账户与本账户属性窗口　　　　　　图 3 – 16　服务设置窗口

　　（1）选择"开始"→"所有程序"→"Microsoft SQL Server Tools 18"→"SQL Server Management Studio"命令，首先会出现 SQL Server 版本的相关信息，如图 3 – 17 所示，接着出现"连接到服务器"对话框，如图 3 – 18 所示。

图 3 – 17　SSMS 首界面

　　"身份验证"可以选择"Windows 身份验证"或"SQL Server 身份验证"选项，对于程序开发一般选择后者。

　　提示： 服务器名称是指作为 SQL Server 服务器的计算机名称，可以更改。

图 3 – 18　"连接到服务器"对话框

（2）单击"连接"按钮，打开 SSMS 集成环境，如图 3 – 19 所示。

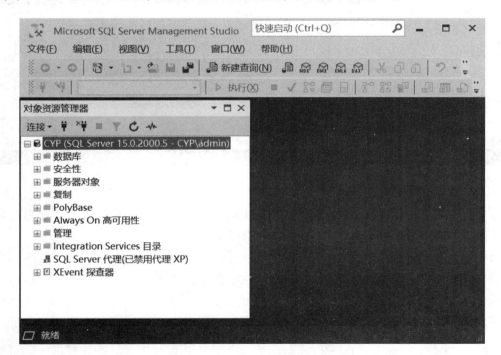

图 3 – 19　SSMS 集成开发环境

提示：CYP 是服务器名称，admin 是 Windows10 环境下具有管理员权限的用户名。

在这个集成开发环境中，可以进行如下操作：

①管理服务器；

②注册服务器；

③连接到数据库引擎的一个实例；

④配置服务器属性；

⑤创建、修改、删除、备份、还原、分离、附加数据库；

⑥创建、修改、删除各种数据库对象，如表、视图、索引、存储过程等；

⑦查看系统日志；

⑧监视当前活动；

⑨管理全文索引；

⑩执行 SQL 命令。

在 SSMS 集成环境里，单击工具栏中的"新建查询"按钮，打开 SQL 命令编辑窗口，如图 3 - 20 所示。在右边的窗格中编辑 SQL 命令，然后单击"执行"按钮即可。

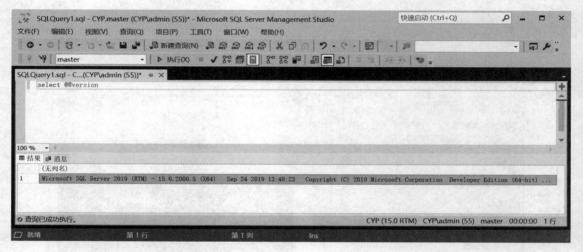

图 3 - 20　SQL 命令编辑窗口

（3）保存 T - SQL 脚本文件。选择菜单栏中的"文件"→"保存"或"另存为"命令，可以保存 T - SQL 语句为脚本文件（.sql），如图 3 - 21 所示。

（4）打开 T - SQL 脚本文件。选择菜单栏中的"文件"→"打开"→"文件"命令，出现"打开文件"对话框，选择要打开的 T - SQL 脚本文件，如图 3 - 22 所示。也可找到要打开的".sql"文件，直接双击，会出现"连接到数据库引擎"对话框，单击"连接"按钮即可。

> **提示**：SQL（Structured Query Language）称为结构化查询语言，是一种用于数据库查询和编程的语言，是目前应用最广泛的关系型数据库的使用标准。T - SQL（Transact - SQL）是微软公司对此标准的一个实现。T - SQL 语言已经成为 SQL Server 2019 的核心，通过它可以完成数据库中的所有操作。

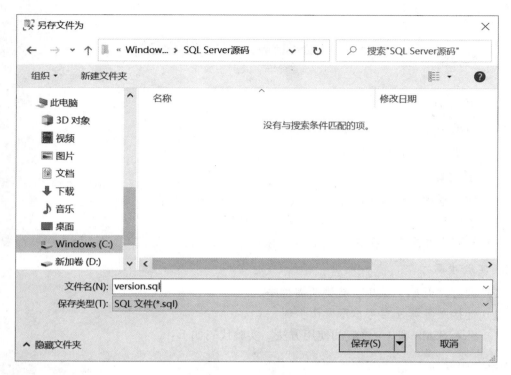

图 3-21　"另存文件为"对话框

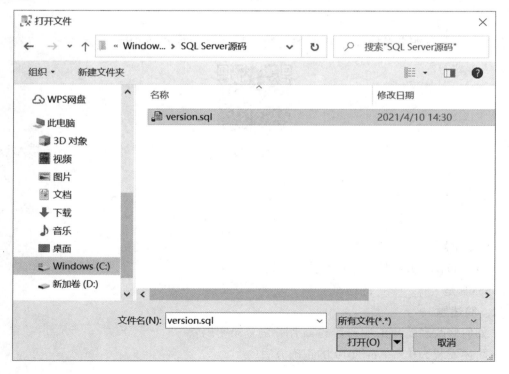

图 3-22　"打开文件"对话框

3.3 任务训练——使用 SSMS

1. 实验目的

（1）熟悉 SQL Server 2019 的安装过程。

（2）掌握 SSMS 和 T–SQL 的使用方法。

2. 实验内容

（1）按照本章安装步骤自行安装 SQL Server 2019 开发平台。

（2）查看 SQL Server 2019 数据库引擎的连接属性。

（3）按照本章内容掌握 SSMS 和 T–SQL 的使用方法。

3. 实验步骤

（1）通过"开始"菜单，找到所需程序。

（2）连接服务器（参考本章操作步骤）。

（3）练习 SSMS 和 T–SQL 的使用方法。实验代码如下：

```
USE master
SELECT * from dbo.spt_monitor
```

4. 实验讨论

如 SQL Server 服务关闭，是否可以连接到服务器？该如何处理？

知识拓展

思考与练习

一、填空题

1. SQL Server 2019 支持两种登录认证模式，一种是_____，另一种是_____。

2. SSMS 是_____的缩写。

二、简述题

1. 如何修改当前 SQL 服务器的 sa 用户的登录密码？

2. 简述安装 SQL Server 2019 的正确方法。

学习评价

评价项目	评价内容	分值	得分
SQL Server 2019 的安装与配置	能完成 SQL Server 2019 的安装与配置	40	
常用组件的使用	能进行常用组件的使用	50	
职业素养	具有规矩意识，循序渐进	10	
合计			

第 4 章

数据库的创建与管理

学习目标

- 掌握数据库的基本组成。
- 掌握用 SSMS 和 T–SQL 语句创建、查看、修改和删除数据库。
- 掌握用 SSMS 分离和附加数据库。
- 掌握用 SSMS 导入和导出数据库。
- 掌握用 SSMS 收缩数据库。

学习导航

本章介绍数据库的创建与管理，属于物理设计阶段，将数据库逻辑设计的关系模型进行物理存储安排，形成数据库三级模式结构的内模式。本章学习内容在数据库应用系统开发中的位置如图 4–1 所示。

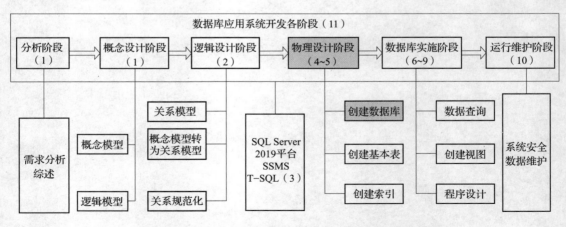

图 4–1　本章学习内容在数据库应用系统开发中的位置

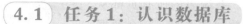

4.1　任务1：认识数据库

任务目标

- 理解 SQL Server 2019 数据库的存储方式。
- 熟练掌握用 SSMS 创建数据库的方法。
- 熟练掌握用 T – SQL 语句创建数据库的方法。

数据库是数据库对象的容器，以操作系统文件的形式存储在磁盘上。数据库不仅可以存储数据，而且能够使数据存储和检索以安全可靠的方式进行。数据库对象是存储、管理和使用数据的不同结构形式。

4.1.1　认识数据库的组成

SQL Server 2019 中的数据库按模式级别分类，可分为物理数据库和逻辑数据库；按创建对象分类，可分为系统数据库和用户数据库。

1. 物理数据库

物理数据库是构成单个数据库的实际文件，数据库文件存储的基本单元是页。

1）数据库文件

SQL Server 2019 数据库有 3 种物理文件——主数据文件、辅助数据文件和事务日志文件，见表 4 – 1。

表 4 – 1　数据库文件

序号	名称	作用	后缀名	数量
1	主数据文件	用于存放数据库对象	. mdf	每个数据库只能有一个
2	辅助数据文件	又称次数据文件，当数据库中的数据较多时需要建立辅助数据文件	. ndf	一个数据库可以没有，也可以有一个或多个
3	事务日志文件	用于存放数据库日志信息的文件	. ldf	一个数据库可以有一个或多个

2）文件组

文件组（File Group）是文件的逻辑集合，其目的是方便数据的管理和分配。文件组可以把指定的文件组合在一起。

每个文件组有一个组名，文件组可分两种。

（1）主文件组：包含主数据文件以及任何其他没有放入文件组的文件。系统表的所有页都从主文件组分配，是默认的数据文件组，一个数据库有一个主文件组。

（2）次文件组：可以在次文件组中指定一个默认文件组，在创建数据库对象时如果没有指定将其放在哪个文件组中，将会将它放在默认文件组中。

2. 逻辑数据库

逻辑数据库是指 SQL Server 2019 的数据库对象，包括表、视图、索引、约束、存储过程和触发器等。这些对象都用来保存 SQL Server 2019 数据库的基本信息及用户定义的数据操作。数据库对象的树形结构如图 4-2 所示。每个数据库节点又包含了一些子节点，它们代表该数据库不同类型的对象（数据库关系图、表、视图和存储过程等）。

3. 系统数据库和用户数据库

系统数据库是由系统创建维护的数据库，系统数据库中记录着 SQL Server 2019 的配置情况、任务情况和用户数据库等系统管理信息。

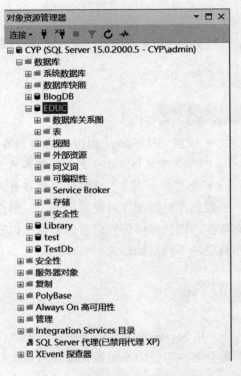

图 4-2　数据库对象的树形结构

用户数据库是用户自己创建的数据库，用户可以对数据库进行修改和删除等操作。

SQL Server 2019 安装成功后，系统自动创建了 4 个默认的数据库——master、model、msdb 和 tempdb 数据库，见表 4-2。

表 4-2　系统数据库介绍

序号	数据库	作用	主文件名和日志文件名
1	master	记录所有系统信息，包括登录账号、系统配置、数据库位置以及数据库的错误信息，用于控制用户数据库和 SQL Server 2019 的运行	"master. mdf" "masterlog. ldf"
2	model	为 SQL Server 2019 实例中创建的所有数据库提供模板	"model. mdf" "modellog. ldf"
3	msdb	是一个与 SQL Server Agent 服务有关的数据库，用于 SQL Server 2019 代理计划警报和作业	"msdbdata. mdf" "msdblog. ldf"
4	tempdb	用于保存临时对象和中间结果集	"tempdb. mdf" "templog. ldf"

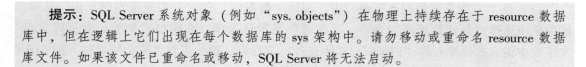

　　提示：SQL Server 系统对象（例如"sys. objects"）在物理上持续存在于 resource 数据库中，但在逻辑上它们出现在每个数据库的 sys 架构中。请勿移动或重命名 resource 数据库文件。如果该文件已重命名或移动，SQL Server 将无法启动。

4.1.2　数据库的创建方法

　　从物理结构上讲，每个数据库都包含数据文件和日志文件。开始使用数据库前，必须先创建数据库，以便生成这些文件。在 SQL Server 2019 中创建数据库的方法主要有两种。

　　（1）使用 SSMS 图形界面创建数据库。

　　（2）使用 T‑SQL 语句创建数据库。

4.2　任务 2：使用 SSMS 创建、查看、修改和删除数据库

任务目标

- 熟练掌握用 SSMS 创建数据库的方法。
- 熟练掌握用 SSMS 查看和修改数据库的方法。
- 熟练掌握用 SSMS 删除数据库的方法。

　　本节介绍用 SSMS 创建、查看、修改和删除数据库的方法，以教学管理系统数据库为例。

使用 SSMS 创建
数据库

4.2.1　使用 SSMS 创建数据库

　　下面以创建教学管理数据库系统为例详细介绍使用 SSMS 创建数据库的方法。

　　【例 4‑1】　创建教学管理系统数据库，数据库名称为 EDUC。主数据文件保存路径为"C：\教学管理数据文件"，日志文件保存路径为"C：\教学管理日志文件"。主数据文件初始大小为 10 MB，最大为 100 MB，增长速度为 10%；日志文件初始大小为 8 MB，最大为 50 MB，增长速度为 10%。新数据库的数据库属性设置如图 4‑3 所示。

　　提示：数据文件应该尽量不保存在系统盘上并与日志文件保存在不同的磁盘区域。C盘下的"教学管理数据文件"和 C 盘下的"教学管理日志文件"两个文件夹应该在操作系统下事先创建好。

　　（1）在 C 盘根目录下创建文件夹"教学管理数据文件"和"教学管理日志文件"。

　　（2）运行 Microsoft SQL Server 2019 程序，选择 SQL Server Management Studio 连接到服务器窗口，选择默认设置（服务器类型：数据库引擎，服务器名称：本机名），选择 Windows 身份验证或 SQL Server 2019 身份验证建立连接。

（3）在"对象资源管理器"窗口中，选择"数据库"节点并用鼠标右键单击，从弹出的菜单中选择"新建数据库"命令，"常规"是默认选项，在窗口右侧的"数据库名称"文本框中输入数据库名称"EDUC"，"所有者"选择默认值，逻辑名称会随着输入的 EDUC发生变化。"文件类型"及"文件组"为默认设置。

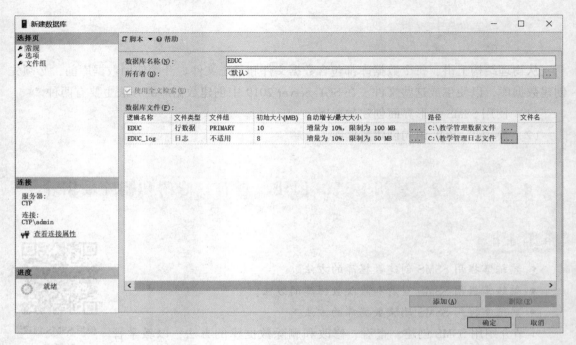

图4−3　"新建数据库"窗口的"常规"页

（4）单击"初始大小"列，通过上、下箭头分别设置成10与默认值8。

（5）单击"自动增长"列下的省略号按钮，第一行是数据文件信息，第二行是日志文件信息，打开"更改 EDUC 的自动增长设置"对话框，进行数据文件的自动增长设置，如图4−4所示。同理进行事务日志文件的自动增长设置。

（6）单击"路径"下的省略号按钮，修改数据文件存放的路径为"C：\教学管理数据文件"。同理，设置日志文件的保存路径为"C：\教学管理日志文件"。

（7）其他页面采用默认设置，完成操作后，单击"确定"按钮关闭窗口，如图4−3所示。

至此，已成功创建了教学管理系统数据库 EDUC，在"对象资源管理器"窗口中按 F5键刷新后可看到新建的数据库，如图4−5所示。

4.2.2　使用 SSMS 查看和修改数据库

在"对象资源管理器"窗口中，展开"数据库"节点，用鼠标右键单击目标数据库（如 EDUC）。从弹出的菜单中选择"属性"命令，出现"数据库属性−EDUC"窗口，如图4−6所示。

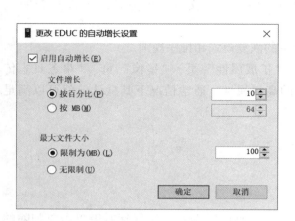

图 4-4　"更改 EDUC 自动增长设置"对话框

图 4-5　用 SSMS 创建的 EDUC 数据库

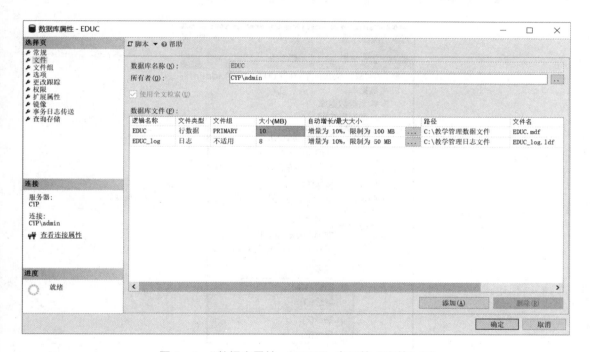

图 4-6　"数据库属性-EDUC"窗口的"文件"页

提示： 新建数据库时，所有者为默认选项，即安装 SQL Server 2019 时，会自动产生一个与当前用户映射的登录名"计算机名/用户名"，对此可暂作了解。

可以分别在"常规""文件""文件组""选项"和"权限"页里根据要求查看和修改数据库的相应设置，与"创建数据库"窗口中的选项设置方法相同。

（1）在"常规"页中，可以查看数据库的基本信息，包括数据库上次备份的日期、名称、状态、所有者等，呈灰色显示，在此不可更改。

（2）在"文件"和"文件组"页中，用户可以修改数据库的所有者，更改数据库文件的大小和自动增长值，设置全文索引选项，添加数据文件、事务日志文件和新的文件组。

（3）在"选项"页，用户可以设置数据库的恢复模式和排序规则。

"选项"页中的其他属性和"权限"页、"扩展属性"页、"镜像"页、"事务日志传送"页、"查询存储"页中的属性是数据库的高级属性，通常情况下其默认值就可以满足要求。

4.2.3 使用 SSMS 删除数据库

使用 SSMS 删除数据库的操作步骤如下：

（1）在"对象资源管理器"窗口中，展开"数据库"节点，用鼠标右键单击要删除的数据库，在弹出的菜单中选择"删除"命令，如图 4-7 所示。

图 4-7　删除数据库

（2）在出现的"删除对象"窗口中，确认显示的数据库为目标数据库，并通过选择复选框决定是否要删除备份及关闭已存在的数据库连接，如图 4-8 所示。

（3）单击"确定"按钮，完成数据库删除操作。数据库删除成功后，在"对象资源管理器"窗口中不会再出现被删除的数据库，相应的数据库文件会在磁盘上的物理位置消失。

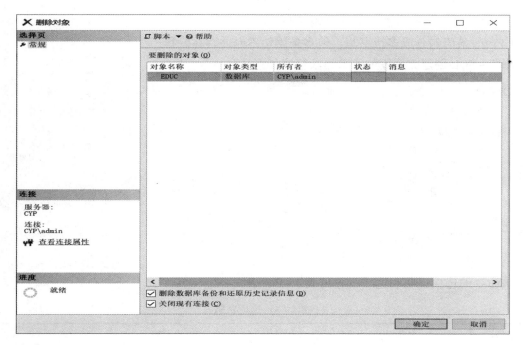

图 4 - 8 "删除对象"窗口

4.3 任务 3：使用 T – SQL 语句创建、查看、修改和删除数据库

任务目标

- 熟练掌握用 T – SQL 语句创建数据库的方法。
- 熟练掌握用 T – SQL 语句查看和修改数据库的方法。
- 熟练掌握用 T – SQL 语句删除数据库的方法。

本节介绍用 T – SQL 语句创建、查看、修改和删除数据库，以图书管理系统数据库为例。

4.3.1 使用 T – SQL 语句创建数据库

在设计一个应用程序时，开发人员会直接使用 T – SQL 语言中的 CREATE DATABASE 命令在程序代码中创建数据库及其他数据库对象。本节用 T – SQL 完成图书管理系统数据库的创建。

SQL Server 的编程语言是 Transact – SQL，简称 T – SQL。T – SQL 语句书写时不区分大小写，一般系统保留字大写，用户自定义的名称可用小写。

T – SQL 语法说明：

（1）"[ ]"中的内容表示可以省略，省略时系统取默认值。

（2）"{} [，…，n]"表示花括号中的内容可以重复书写 n 次，必须用逗号隔开。

（3）"｜"表示相邻前后两项只能任取一项。

（4）一条语句分成多行书写，但多条语句不允许写在一行。

用 T – SQL 创建数据库的完整语法格式如下：

```
CREATE DATABASE <数据库名称> -- 其他选项使用默认值
  [ ON
    [ PRIMARY ]
    ｛<数据文件>｝[ , …, n]
    [ FILEGROUP ]
      ｛<文件组名>｝[ , …, n]
  LOG ON
    ｛<事务日志文件>｝[ , …, n]
  ]
```

该命令的选项说明和选项设置见表 4 – 3、表 4 – 4。

表 4 – 3 选项说明

序号	名称	说明
1	数据库名称	在 SQL Server 中创建的数据库名称
2	ON	指明主数据文件、次数据文件和文件组的明确定义
3	PRIMARY	指定创建在主文件组中的主数据文件和次数据文件
4	FILEGROUP	指明要创建的次文件组，并指定要创建在其中的次数据文件
5	LOG ON	指明事务日志文件的明确定义。若未定义，会自动创建为所有数据文件总和 25% 大小或 512KB 大小的日志文件
6	<数据文件> <事务日志文件>	为下表属性的组合

表 4 – 4 选项设置

序号	名称	含义	说明
1	逻辑文件名	name	主数据文件名与事务日志文件名
2	物理文件名	filename	数据文件名："＊. mdf"， 事务日志文件名："＊. ldf"
3	文件初始大小	size	单位：MB
4	文件最大值	maxsize	单位：MB
5	文件增长量	filegrowth	单位可以是绝对值，也可以是百分比

提示：物理文件名表示为文件存放路径加逻辑文件名。

【例 4 – 2】 创建图书管理系统数据库 Library。该数据库的主数据文件逻辑名称为 Library，物理文件名为 "Library. mdf"，物理文件路径为 "C:\图书管理数据文件"（事先在操作系统下建立相应的文件夹），初始大小为 20 MB，最大为 200 MB，增长速度为 10%；数据库的事务日志文件逻辑名称为 Library_log，物理文件名为 "Library_log. ldf"，物理文件路径为 "C:\图书管理日志文件"（事先在操作系统下建立相应的文件夹），初始大小为 8 MB，最大为 80 MB，增长速度为 10%。创建后的数据库效果如图 4-9 所示。

使用 T – SQL 语句
创建数据库

（1）在 SSMS 中，单击工具栏中的 "新建查询" 按钮，打开 "查询编辑器"，输入如下代码：

```
CREATE DATABASE Library                              --数据库名称
ON PRIMARY                                           --创建主数据文件
(NAME = Library,                                     --逻辑文件名
  FILENAME = 'C:\图书管理数据文件\Library.mdf',       --物理文件路径和名称
  SIZE = 20,                                         --初始大小 20 MB
  MAXSIZE = 200,                                     --最大容量 200 MB
  FILEGROWTH = 10%                                   --增长速度 10%
)
LOG ON                                               --创建事务日志文件
(NAME = Library_log,                                 --逻辑文件名
  FILENAME = 'C:\图书管理日志文件\Library_log.ldf',   --物理文件路径和名称
  SIZE = 8,                                          --初始大小 8 MB
  MAXSIZE = 80,                                      --最大容量 80 MB
  FILEGROWTH = 10%                                   --增长速度 10%
)
GO
```

（2）单击 "SQL 编辑器" 工具栏上的 "执行" 按钮，运行结果如下：

命令已成功完成。

（3）在 "对象资源管理器" 窗口中，展开 "数据库" 节点，刷新其中的内容，可以看到新建的 Library 数据库，如图 4-9 所示。

【例 4 –3】 创建一个 test 数据库，该数据库的主数据文件逻辑名称为 "test_data"，物理文件名为 "test. mdf"，初始大小为 10 MB，最大容量为无限大，增长速度为 10%；次数据文件逻辑名为 "test1"，物理文件名为 "test1. ndf"，初始大小 5 MB，最大容量为 100 MB，增长速度为 5 MB；数据库的事务日志文件逻辑名称为 "test_log"，物理文件名为 "test. ldf"，初始大小为 8 MB，最大容量为 100 MB，增长速度为 1 MB。数据文件和事务日志文件分别放在 C 盘 "测试数据" 和 "测试日志" 文件夹中。创建后的数据库如图 4-10 所示。

图 4 – 9　用 T – SQL 语句创建的
Library 数据库

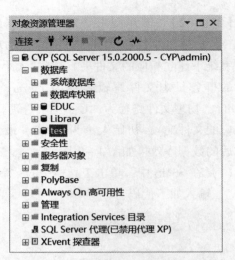

图 4 – 10　用 T – SQL 语句创建的
test 数据库

（1）在 SSMS 中，单击工具栏中的"新建查询"按钮，打开"查询编辑器"，输入如下代码：

```
CREATE DATABASE test
ON  PRIMARY                              --建立主数据文件
(NAME ='test',                           --逻辑文件名
  FILENAME ='C:\测试数据\test.mdf',      --物理文件路径和名称
  SIZE =10,                              --初始大小 10 MB
  MAXSIZE = UNLIMITED,                   --最大容量无限大
  FILEGROWTH =10% ),                     --增长速度 10%
(NAME = test1,
  FILENAME ='C:\测试数据\test1.ndf',
  SIZE =5 MB,                            --初始大小 5 MB
  MAXSIZE =100 MB,                       --最大容量 100 MB
  FILEGROWTH =5 MB)                      --增长速度 5 MB


LOG ON
(NAME ='test_log',                       --建立事务日志文件
  FILENAME ='C:\测试日志\test_log.ldf',  --物理文件路径和名称
  SIZE =8,                               --初始大小 8 MB
  MAXSIZE =100,                          --最大容量 100 MB
  FILEGROWTH =1                          --增长速度 1 MB
)
```

（2）单击"SQL 编辑器"工具栏上的"执行"按钮，运行结果如下：

命令已成功完成。

（3）在"对象资源管理器"窗口中，展开"数据库"节点，刷新其中的内容，可以看到新建的 test 数据库。

4.3.2 使用 T – SQL 语句查看和修改数据库

1. 使用 T – SQL 语句查看数据库

（1）使用 sp_helpdb 语句查看数据库信息。

语法格式如下：

```
[EXECUTE] sp_helpdb[数据库名]
```

EXECUTE 可以缩写为 EXEC，如果它是一个批处理中的第一条语句则可全部省略。

【例 4 – 4】　在查询分析器中用 sp_helpdb 语句查看所有数据库信息。代码如下：

```
EXEC sp_helpdb
```

单击"运行"按钮，运行结果如图 4 – 11 所示。

	name	db_size	owner	dbid	created	status	compatibility_level
1	EDUC	18.00 MB	CYP\admin	5	04 12 2021	Status=ONLINE, Updateabil...	150
2	Library	9.00 MB	CYP\admin	6	04 12 2021	Status=ONLINE, Updateabil...	150
3	master	7.38 MB	sa	1	04 8 2003	Status=ONLINE, Updateabil...	150
4	model	16.00 MB	sa	3	04 8 2003	Status=ONLINE, Updateabil...	150
5	msdb	21.31 MB	sa	4	09 24 2019	Status=ONLINE, Updateabil...	150
6	tempdb	72.00 MB	sa	2	04 10 2021	Status=ONLINE, Updateabil...	150
7	test	23.00 MB	CYP\admin	7	04 12 2021	Status=ONLINE, Updateabil...	150

图 4 – 11　用 sp_helpdb 语句查看所有数据库信息

【例 4 – 5】　查看 test 数据库信息。代码如下：

```
EXEC sp_helpdb test
```

单击"运行"按钮，运行结果如图 4 – 12 所示。

（2）使用 sp_databases 语句查看所有可用数据库信息。

语法格式如下：

```
[EXECUTE] sp_database
```

（3）使用 sp_helpfile 语句查看当前数据库中某个文件的信息。

语法格式如下：

```
[EXECUTE] sp_helpfile [文件名]
```

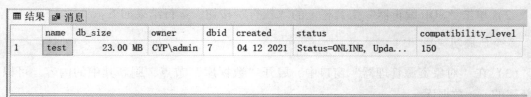

	name	db_size	owner	dbid	created	status	compatibility_level
1	test	23.00 MB	CYP\admin	7	04 12 2021	Status=ONLINE, Upda...	150

	name	fileid	filename	filegroup	size	maxsize	growth	usage
1	test	1	C:\测试数据\test.mdf	PRIMARY	10240 KB	Unlimited	10%	data only
2	test_log	2	C:\测试日志\test_log.ldf	NULL	8192 KB	102400 KB	1024 KB	log only
3	test1	3	C:\测试数据\test1.ndf	PRIMARY	5120 KB	102400 KB	5120 KB	data only

图 4 – 12　用 sp_helpdb 语句查看 test 数据库信息

【例 4 – 6】　查看 test 数据库中所有文件的信息。代码如下：

```
USE test
GO
·sp_helpfile
```

运行结果如图 4 – 13 所示。

	name	fileid	filename	filegroup	size	maxsize	growth	usage
1	test	1	C:\测试数据\test.mdf	PRIMARY	10240 KB	Unlimited	10%	data only
2	test_log	2	C:\测试日志\test_log.ldf	NULL	8192 KB	102400 KB	1024 KB	log only
3	test1	3	C:\测试数据\test1.ndf	PRIMARY	5120 KB	102400 KB	5120 KB	data only

图 4 – 13　用 sp_helpfile 语句查看 test 数据库信息

（4）使用 sp_helpfilegroup 语句查看当前数据库中某个文件组的信息。

语法格式如下：

```
[EXECUTE] sp_helpfilegroup[文件组名]
```

省略文件组名则显示当前数据库中所有文件组的信息，用法同 sp_helpfile。

2. 使用 T – SQL 语句修改数据库

在应用中通常使用 T – SQL 语句修改数据库，其语法格式如下：

```
ALTER　DATABASE <数据库名>
  ADD FILE <数据文件>[,…,n][to FILEGROUP 文件组] --增加数据文件到文件组
  |ADD LOG FILE <事务日志文件>[,…,n]          --增加事务日志文件
  |ADD FILEGROPU 组文件名                     --增加文件组
  |REMOVE FILE 逻辑文件名                      --移去文件
  |REMOVE FILEGROPU 组文件名                   --删除文件组
  |MODIFY FILE <数据文件>                      --修改数据库文件属性
  |MODIFY NAME = 新数据文件名                   --修改数据库文件名
  |MODIFY FILEGROUP 组文件名                   --修改文件组属性
```

下面通过几个例子来介绍如何使用 T‒SQL 语句修改数据库。

【例 4‒7】　将 test 数据库改名为"test1"。代码如下：

```
ALTER DATABASE test MODIFY NAME = test1
```

提示：一般情况下，不建议用户在创建好数据库后再对数据库名进行修改。因为有许多应用程序可能已经使用了该数据库名，在更改数据库名后，需要修改相应的应用程序。

使用 T‒SQL 语句
修改数据库

【例 4‒8】　在 test 数据库中添加一个次数据文件和一个事务日志文件。次数据文件逻辑名称为"test2"，物理文件名为"test2. ndf"，初始大小 3 MB，最大容量为 10 MB，增长速度为 1 MB；事务日志文件逻辑名称为"testlog1"，物理文件名为"testlog1. ldf"，初始大小为 5 MB，最大容量为 100 MB，增长速度为 5 MB。

（1）在 SSMS 中，单击工具栏中的"新建查询"按钮，打开"查询编辑器"，输入下面添加次数据文件的代码：

```
--添加一个次数据文件
ALTER DATABASE test              --数据库名
ADD FILE
(NAME = test2,
 FILENAME = 'C:\测试数据\test2.ndf',
 SIZE = 3 MB,                     --初始空间 3 MB
 MAXSIZE = 10 MB,                 --最大容量无限大
 FILEGROWTH = 1 MB)              --增长速度 1 MB
GO
--添加一个事务日志文件
ALTER DATABASE test              --数据库名
ADD LOG FILE
(NAME = testlog1,
 FILENAME = 'C:\测试日志\testlog1.ldf',
 SIZE = 5 MB,                     --初始空间 5 MB
 MAXSIZE = 100 MB,               --最大容量 100 MB
 FILEGROWTH = 5 MB)              --增长速度 5 MB
GO
```

（2）单击工具栏上的"执行"按钮，运行结果如下：

命令已成功完成。

（3）查看 test 数据库的属性，可以看到新增加的一个次数据文件和一个事务日志文件，如图 4‒14 所示。

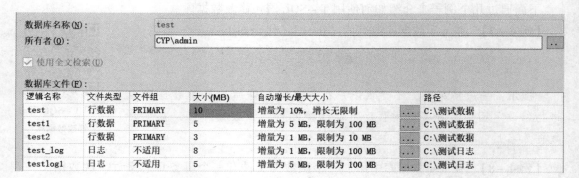

图4-14 使用 T-SQL 语句修改数据的文件属性

【**例4-9**】 添加文件组 test_Group。代码如下：

```
ALTER DATABASE test
ADD FILEGROUP test_Group
```

【**例4-10**】 将一个新的数据文件 test3 添加到 test 数据库的 test_Group 文件组。代码如下：

```
ALTER DATABASE test
ADD FILE                          --添加次数据文件
(NAME = test3,
 FILENAME ='C:\测试数据\test3.ndf') --在 C 盘下新增"测试数据"文件夹
 to filegroup test_group
```

运行效果如图4-15所示。

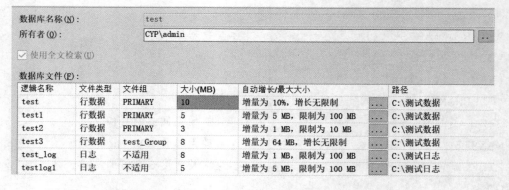

图4-15 使用 T-SQL 语句修改数据库的文件属性

【**例4-11**】 将数据文件 test3 从 test 数据库中移去。代码如下：

```
ALTER DATABASE test
REMOVE FILE  test3
```

4.3.3　使用 T - SQL 语句删除数据库

使用 DROP DATABASE 命令删除数据库，其语法格式如下：

```
DROP DATABASE <数据库名>
```

使用 DROP DATABASE 语句可以从 SQL Server 2019 中一次删除一个或多个数据库。

【例 4 - 12】　删除创建的 test 数据库。代码如下：

```
DROP DATABASE test
```

4.4　任务 4：分离、附加数据库

任务目标

- 熟练掌握用 SSMS 分离数据库的方法。
- 熟练掌握用 SSMS 附加数据库的方法。

在 SQL Server 2019 中可以分离数据库的数据文件和事务日志文件，也可以将它们重新附加到同一个或其他 SQL Server 2019 实例上。只有分离了的数据库文件才能够进行操作系统下的物理移动、复制和删除。

4.4.1　分离数据库

分离数据库的具体步骤如下：

（1）确保没有任何用户登录到数据库中。

（2）启动 SSMS 并连接到数据库实例。

（3）在"对象资源管理器"窗口中，展开"数据库"节点，用鼠标右键单击需要分离的数据库，在弹出的菜单中选择"任务"→"分离"命令，如图 4 - 16 所示。

（4）打开的"分离数据库"窗口中的"数据库名称"栏中显示了所选择的数据库名称，如图 4 - 17 所示。要分离的数据库复选框说明如下：

①删除连接：删除所有用户连接。

②更新统计信息：在默认情况下，分离操作将在分离数据库时保留过期的优化统计信息；若要更新现有的优化统计信息，可选中"更新统计信息"复选框。

（5）设置完成后，单击"确定"按钮。

> **提示：**（1）数据库被分离后，不再属于 SQL Server 2019 的一部分，可以被移动，甚至可以被删除。在"对象资源管理器"列表中，不再显示此数据库。
>
> （2）与删除数据库不同的是，分离数据库只是将数据库从 SQL Server 2019 中移除，并没有从物理磁盘上将数据文件删除。

图 4-16 选择"任务"→"分离"命令

4.4.2 附加数据库

与分离数据库相反的操作是附加数据库。如想把硬盘上的数据库添加到 SQL Server 2019 实例中，可用附加数据库的方法。具体步骤如下：

（1）启动 SSMS 并连接到数据库实例。

（2）在"对象资源管理器"窗口中，用鼠标右键单击"数据库"节点，从弹出的菜单中选择"附加"命令，如图 4-18 所示。

（3）在打开的"附加数据库"窗口中，单击"添加"按钮，会出现"定位数据库文件"窗口，选择数据库所在的磁盘驱动器并展开目录树定位到数据库的".mdf"文件，如"C:\教学管理数据文件\EDUC.mdf"，如图 4-19 所示。

（4）单击"定位数据库文件"窗口中的"确定"按钮，回到"附件数据库"窗口，可以为附加的数据库指定不同的名称和物理位置，如图 4-20 所示。

（5）设置完毕后，单击"确定"按钮。数据库引擎将执行附加数据库任务。如果附加成功，在"对象资源管理器"窗口中将会出现被附加的数据库。

图 4-17 "分离数据库"窗口

图 4-18 选择"附加"命令

提示：若事务日志文件一列"当前文件路径"显示"找不到"，说明改变了在创建数据库时数据文件和事务日志文件的路径，需要重新查找其事务日志文件路径方可。

在附加数据库出错时，可用鼠标右键单击附加的".mdf"与".ldf"文件，选择"属性"→"安全"→"添加"命令，新增"Authenticated Users"为"完全控制"的访问权限。

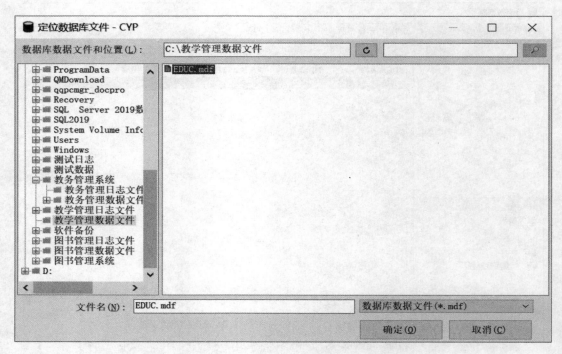

图 4 – 19 "定位数据库文件"窗口

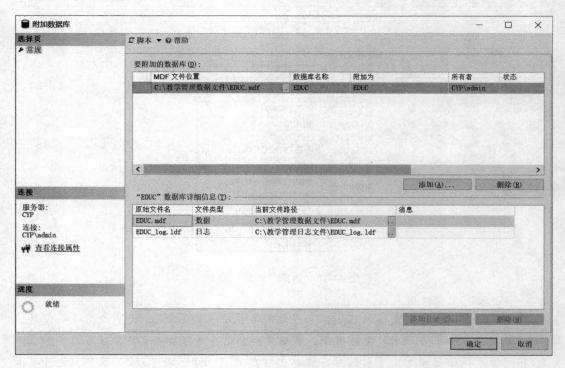

图 4 – 20 "附加数据库"窗口

4.5　任务 5：导出、导入数据库

任务目标

● 熟练掌握导出数据库的方法。

● 熟练掌握导入数据库的方法。

通过导入和导出操作可以在 SQL Server 2019 和其他数据源（例如 Excel 表和 Access 数据库）之间轻松移动数据。"导出"是指将数据从 SQL Server 2019 表复制到数据文件；"导入"是指将数据文件加载到 SQL Server 2019 表。"导出"或"导入"是相对于 SQL Server 2019 而言的，进数据库为"导入"，出数据库为"导出"。

4.5.1　导出数据库

在 SQL Server 2019 中，可以在 SSMS 中将数据库表数据导出。下面以 EDUC 数据库为例，介绍将数据导出为 Excel 表格的方法。

导出、导入
数据库

1. 直接导出数据

【例 4 – 13】　在 SSMS 中将 EDUC 数据库中的数据全部导出为 Excel 表格。

（1）打开 SSMS，用鼠标右键单击"对象资源管理器"窗口中的 "EDUC"数据库对象，在弹出的菜单中选择"任务"→"导出数据"命令，如图 4 – 21 所示。

（2）此时打开"SQL Server 导入和导出向导 – 选择数据源"窗口，可选择从中导出数据的数据源。在本例中，使用默认数据源"SQL Native Client 11.0"，选择导出数据的数据库为"EDUC"，如图 4 – 22 所示，然后单击"Next"按钮。

（3）在"SQL Server 导入和导出向导 – 选择目标"窗口中，可选择导出数据的目标，即导出数据复制到何处。在本例中，选择"目标"为"Microsoft Excel"，并指定路径（事先创建好保存导出数据的表），如图 4 – 23 所示，然后单击"Next"按钮。

（4）在"SQL Server 导入和导出向导 – 指定表复制或查询"窗口中，选择数据导出的方式，如图 4 – 24 所示。选择"复制一个或多个表或视图的数据"单选项，直接把 SQL Server 2019 数据库中全部或某几个完整的表或视图导出到目标数据表；选择"编写查询以指定要传输的数据"单选项，使用 SQL 语句进行查询，把查询的结果导出到目标数据表。本例选择"复制一个或多个表或视图的数据"单选项，然后单击"Next"按钮。

（5）在"SQL Server 导入和导出向导 – 选择源表和源视图"窗口中，列出了源数据库所有的表和视图，如图 4 – 25 所示。可以逐一选择，也可以单击"全选"按钮选择所有内容，然后单击"Next"按钮。

（6）在"SQL Server 导入和导出向导 – 保存并运行包"窗口中，可以选择是否需要保存以上操作所设置的 SSIS 包。选择"保存"复选框，可以把以上设置保存起来。在默认情

况下选择"立即执行"复选框，如图 4 - 26 所示。设置完成后单击"Next"按钮。

图 4 - 21 选择"任务" → "导出数据"命令

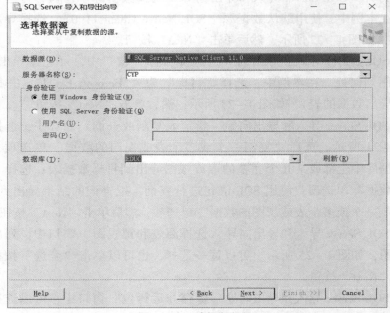

图 4 - 22 选择数据源

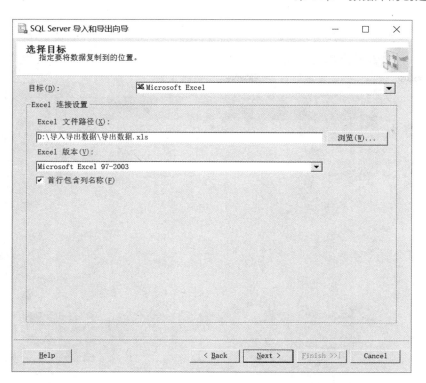

图 4 − 23　选择 Excel 表格作为导出数据目标

图 4 − 24　选择数据导出的方式

图 4 – 25　选择源表和源视图

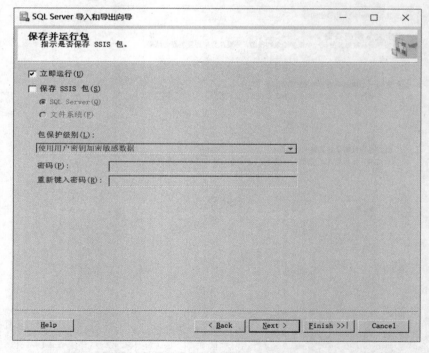

图 4 – 26　选择是否保存并执行包

（7）在"SQL Server 导入和导出向导 – 查看数据类型映射"窗口中，可以选择一个表以查看其数据类型映射到目标中的数据类型的方式及其处理转换问题的方式。一般可选择右下角的"忽略"选项，如图 4 – 27 所示，设置完成后单击"Next"按钮。

图 4 – 27　查看数据类型映射

（8）完成导出数据的向导设置后，在"SQL Server 导入和导出向导 – 完成该向导"窗口中单击"完成"按钮，如图 4 – 28 所示。

导出数据操作完成后，将导出的"导出数据 . xls"打开，可以看到导出的 Excel 工作表，如图 4 – 29 所示。

2. 编写查询导出的数据

【例 4 – 14】　在 SSMS 中将 EDUC 数据库表"Student"中所有女同学导出为 Excel 表。

（1）编写查询导出的数据前几步与直接导出数据的操作相同，只是在第 4 步"SQL Server 导入和导出向导 – 指定表复制或查询"窗口中，对于 SQL Server 数据导出的方式，选择"编写查询以指定要传输的数据"单选项，使用 SQL 语句进行查询，把查询结果导出到目标数据表，如图 4 – 30 所示，然后单击"Next"按钮。

（2）打开"SQL Server 导入和导出向导 – 提供数据源查询"窗口，在"SQL 语句"文本框中输入 SELECT 查询语句或单击"浏览"按钮打开 SQL 脚本语言，如图 4 – 31 所示。

（3）单击"Next"按钮，再单击"预览"按钮，预览数据，如图 4 – 32 所示。源表与源视图采用默认设置即可。

图 4 - 28　SQL Server 数据导出成功界面

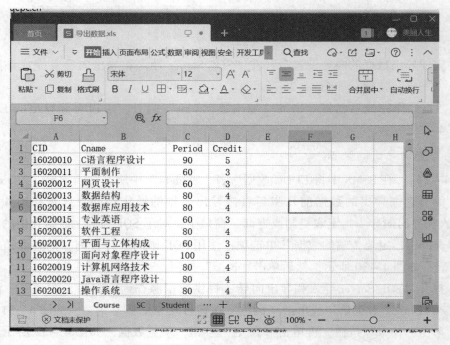

图 4 - 29　从数据库导出的 Excel 工作表

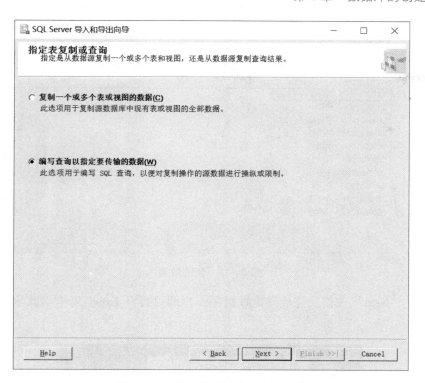

图 4 – 30　指定表复制或查询的方式

图 4 – 31　输入 SELECT 查询语句

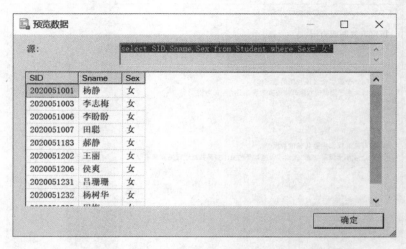

图 4 – 32　预览数据

（4）单击"Next"按钮，完成导出数据操作，即可打开 Excel 文件"教学管理表"，如图 4 – 33 所示。

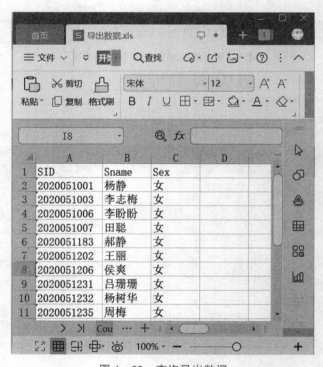

图 4 – 33　查询导出数据

4.5.2　导入数据库

把其他类型数据库中的数据导入 SQL Server 数据库中同样使用"SQL Server 导入和导出

向导"。

【例 4 - 15】 将 Excel 文件"导出数据.xls"的数据导入 EDUC 数据库中。

（1）打开 SSMS，用鼠标右键单击"对象资源管理器"窗口中的"EDUC"数据库对象，在出现的菜单中选择"任务"→"导入数据"命令。

（2）此时打开"SQL Server 导入和导出向导 - 选择数据源"窗口，可选择从中导出数据的数据源。在本例中，使用默认数据源"Microsoft Excel"，再指定导入数据的文件名，如图 4 - 34 所示，然后单击"Next"按钮。

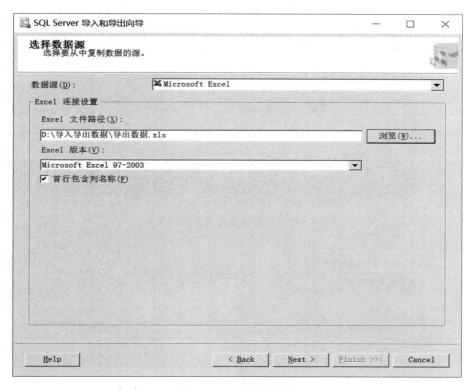

图 4 - 34　选择数据源

（3）在"SQL Server 导入和导出向导 - 选择目标"窗口中，使用默认设置，如图 4 - 35 所示，然后单击"下一步"按钮。

（4）在"SQL Server 导入和导出向导 - 指定表复制或查询"窗口中，选择默认方式，然后单击"Next"按钮。在"SQL Server 导入和导出向导 - 选择源表和源视图"窗口中，选择所需的表或视图，如图 4 - 36 所示，然后单击"下一步"按钮。

（5）在"SQL Server 导入和导出向导 - 保存并执行包"窗口中，选择"立即执行"复选框，设置完成后单击"Next"按钮。

（6）完成数据操作并正确运行后，数据库中显示新导入的表（或其他数据），如图 4 - 37 所示。

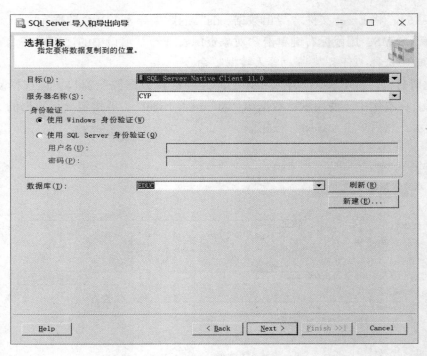

图 4 – 35　指定要将数据复制到何处

图 4 – 36　选择源表和源视图

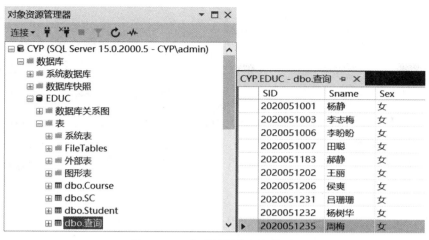

图 4 - 37　完成数据的导入操作

4.6　任务 6：收缩数据库

任务目标

- 理解收缩数据库的概念。
- 掌握收缩数据库的方法。

企业数据量很大，在设置数据库的时候就需要将数据文件和事务日志文件设置得较大，但是往往在实际应用时不需要很大的空间，因此就需要把数据库尺寸收缩，以释放计算机磁盘空间，提高资源的利用率。

4.6.1　收缩数据库的方法

在 SQL Server 2019 中，可以在 SSMS 中将数据库收缩。下面以 test 数据库为例，介绍数据库收缩的方法。

【例 4 - 16】　将 test 数据库进行收缩。

（1）打开 SSMS，用鼠标右键单击"对象资源管理器"窗口中的"test"数据库对象，在弹出的菜单中选择"属性"命令，如图 4 - 38 所示。

（2）将 test 数据库的数据文件和事务日志文件分别扩大到 1 000 MB 和 20 MB，如图 4 - 39 所示。

收缩数据库

（3）用鼠标右键单击"test"数据库对象，在出现的菜单中选择"任务"→"收缩"→"数据库"命令，如图 4 - 40 所示。

（4）在出现的"收缩数据库 - test"窗口中进行参数设置，如图 4 - 41 所示，然后单击"确定"按钮。

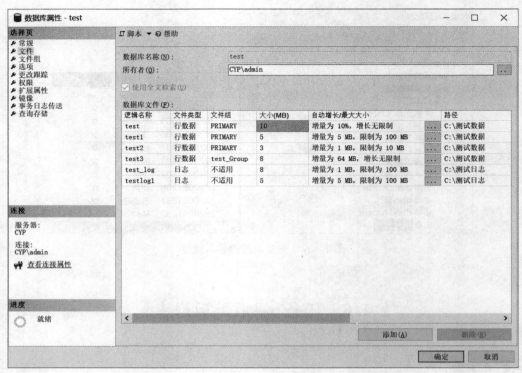

图 4 – 38 "数据库属性 – test"窗口的"文件"页

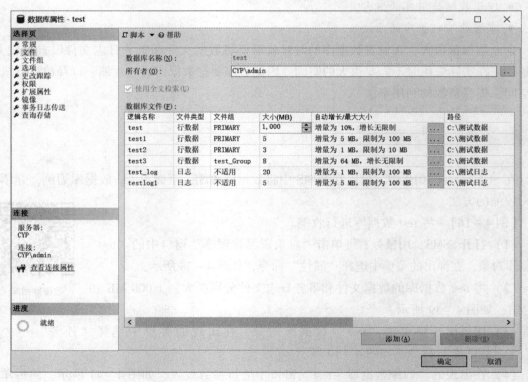

图 4 – 39 "数据库属性 – test"窗口"文件"页增加容量后的结果

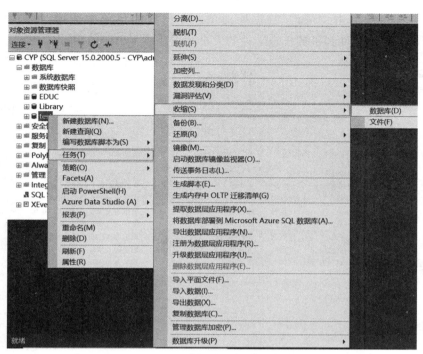

图 4 – 40　选择收缩数据库命令

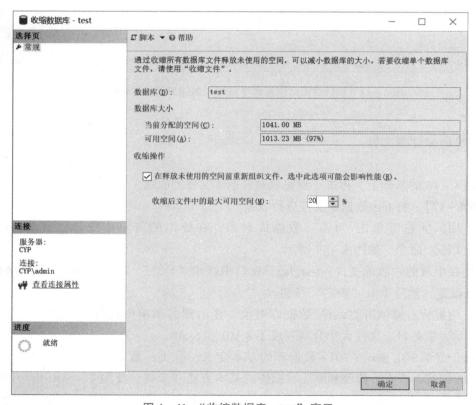

图 4 – 41　"收缩数据库 – test" 窗口

（5）用鼠标右键单击"test"数据库对象，在出现的菜单中选择"属性"命令，如图4-42所示，数据文件和事务日志文件的大小分别变成了10 MB和14 MB。

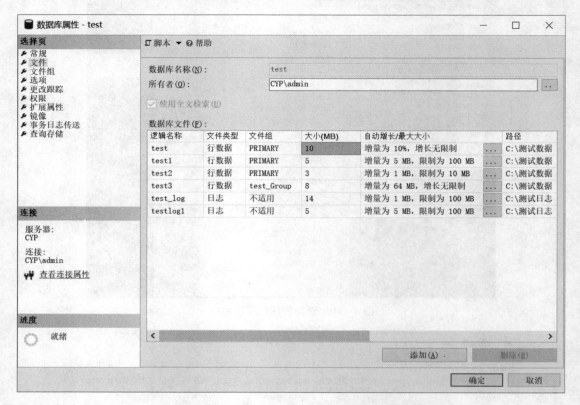

图4-42　执行收缩数据库命令后的"数据库属性-test"窗口

4.6.2　收缩数据库文件

在例4-16的基础上，再进一步完成对数据库文件的收缩。

【例4-17】　将test数据库文件进行收缩。

（1）用鼠标右键单击"test"数据库对象，在弹出的菜单中选择"任务"→"收缩"→"文件"命令，如图4-43所示。

（2）在出现的"收缩文件-test_log"窗口中选择"日志"文件类型后如图4-44所示。选择默认设置，然后单击"确定"按钮。

（3）用鼠标右键单击"test"数据库对象，在出现的菜单中选择"属性"命令，如图4-45所示，事务日志文件大小分别变成了8 MB和5 MB。

本章介绍了SQL Server 2019数据库的基本定义、分类，数据库文件和数据库文件组，使用SSMS创建、查看、修改和删除数据库的基本方法和步骤，使用T-SQL语句创建、修改和删除数据库的方法，同时介绍了数据库的分离和附加、数据库的导出和导入以及数据库的收缩，为后续学习打下了基础。

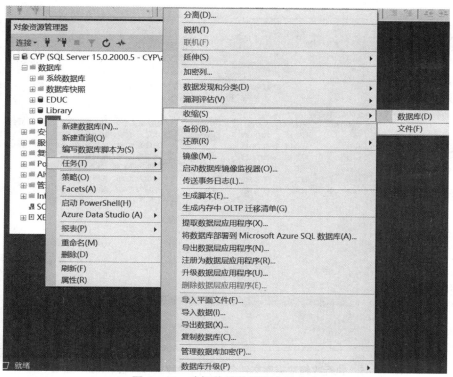

图 4 - 43　选择收缩数据库文件命令

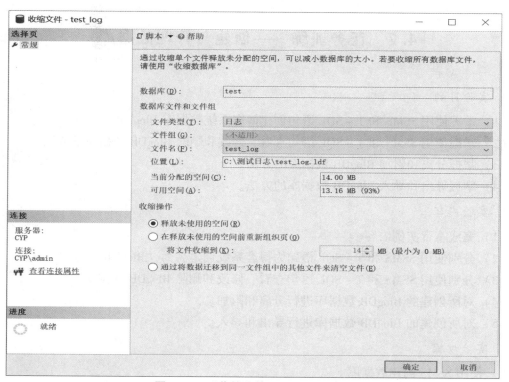

图 4 - 44　"收缩文件 - test_log"窗口

图 4 – 45　执行收缩数据库文件命令后的"数据库属性 – test"窗口

4.7　任务训练——创建与管理数据库

1. 实验目的

（1）掌握使用 SSMS 和 T – SQL 语句创建博客系统数据库 BlogDB 的方法。

（2）掌握使用 SSMS 和 T – SQL 语句查看、修改和删除 BlogDB 数据库的方法。

（3）掌握分离和附加 BlogDB 数据库的方法。

（4）掌握导出和导入 BlogDB 数据库的方法。

2. 实验内容

（1）完成本章实例内容。

（2）分别使用 SSMS 和 T – SQL 语句为博客系统创建名为"BlogDB"的数据库。

（3）分别使用 SSMS 和 T – SQL 语句查看、修改和删除 BlogDB 数据库。

（4）对所创建的 BlogDB 数据库进行分离和附加。

（5）对所创建的 BlogDB 数据库进行导出和导入。

3. 实验步骤

1）使用 SSMS 创建数据库

创建名为"BlogDB"的数据库。数据文件初始大小为 10 MB，事务日志文件大小为

8 MB，增量为 10%，不限制增长。主数据文件保存路径为"C：\博客系统数据文件"，事务日志文件保存路径为"C：\博客系统日志文件"。

（1）分别在计算机 C 盘根目录下创建两个文件夹"博客系统数据文件"和"博客系统日志文件"。

（2）启动 SSMS，在"对象资源管理器"窗口中，用鼠标右键单击"数据库"节点，从出现的菜单中选择"新建数据库"命令，出现"数据库属性"窗口，选择"常规"页（默认），设置数据库"BlogDB"的各项参数，如图 4 - 46 所示。

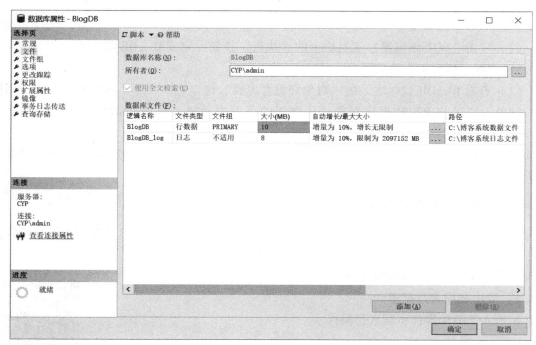

图 4 - 46　使用 SSMS 创建博客系统数据库

2）使用 T - SQL 语句创建数据库

创建名为"BlogDBtest"的数据库，其参数同上。

（1）在 SSMS 窗口中，单击工具栏中的"新建查询"按钮，打开"查询编辑器"，输入如下代码：

```
CREATE DATABASE BlogDB                        --数据库名
ON PRIMARY                                    --创建主数据文件
(NAME = BlogDB,                               --逻辑文件名
  FILENAME = 'C:\博客系统数据文件\BlogDB.mdf',  --物理文件路径和名称
  SIZE = 10,                                  --初始大小 10 MB
  MAXSIZE = UNLIMITED,                        --最大容量无限制
  FILEGROWTH = 10%                            --增长速度 10%
)
```

```
LOG ON                                            --创建事务日志文件
(NAME = BlogDB_log,                               --逻辑文件名
  FILENAME = 'C:\博客系统日志文件\BlogDB _log.ldf',  --物理文件路径和名称
  SIZE = 8 MB,                                     --初始大小8 MB
  MAXSIZE = UNLIMITED,                             --最大容量无限制
  FILEGROWTH = 10%                                 --增长速度10%
)
GO
```

（2）单击"SQL 编辑器"工具栏上的"执行"按钮，完成 BlogDB 数据库的创建。

3）查看、修改和删除数据库

（1）查看 BlogDB 数据库。在"对象资源管理器"窗口中，展开"数据库"节点，用鼠标右键单击"BlogDB"数据库对象，从出现的菜单中选择"属性"命令，即可查看该数据库。

（2）删除数据库。在 SSMS 窗口中，单击工具栏中的"新建查询"按钮，打开"查询编辑器"，输入如下代码：

```
DROP DATABASE  BlogDB
```

（3）单击"SQL 编辑器"工具栏中的"执行"按钮，完成 BlogDB 数据库的删除操作。

4）分离和附加数据库

按照4.4节的操作步骤进行操作。

5）导出和导入数据库

按照4.5节的操作步骤进行操作。

知识拓展

4. 问题讨论

用 SSMS 和 T－SQL 语句创建数据库，哪种方式更好？

思考与练习

一、填空题

1. 列举几个 SQL Server 2019 的数据库对象：_____、_____、_____ 和
_____。

2. _____ 数据库是系统提供的最重要的数据库，其中存放了系统级的信息。

3. 修改数据库使用 T－SQL 语句 _____，删除数据库使用 T－SQL 语句_____。

4. 在 SQL Server 2019 中，可以根据数据库的应用类型把数据库分为 _____
和_____。

5. 在 SQL Server 2019 中，系统数据库是 _____、_____、_____、

_____和_____。

6. 在 SQL Server 2019 中，文件分为三大类，它们是 _____、_____ 和 _____；文件组分为两大类，它们是_____和_____。

7. 数据库的数据或者信息都存储在_____中。

8. 在 SQL Server 2019 系统中，一个数据库最少有一个_____文件和一个_____文件。

9. 包含在引号（""）或方括号（[ ]）内的标识符称为_____。

二、选择题

1. 下列关于数据库的数据文件的叙述中错误的是（　　　）。

A. 一个数据库只能有一个事务日志文件

B. 创建数据库时，PRIMARY 文件组中的第一个文件为主数据文件

C. 一个数据库可以有多个数据文件

D. 一个数据库只能有一个主数据文件

2. 下列数据库中，属于 SQL Server 系统数据库的是（　　　）数据库。

A. Northwind　　　　　　B. tempdb　　　　　　C. pubs　　　　　　D. sysdb

学习评价

评价项目	评价内容	分值	得分
数据库的基本组成	理解数据库的基本组成	20	
用 SSMS 与 T – SQL 语句创建与管理数据库	能用 SSMS 与 T – SQL 语句创建与管理数据库	40	
用 SSMS 分离与附加数据库	能用 SSMS 分离与附加数据库	10	
用 SSMS 导入和导出数据库	能用 SSMS 导入和导出数据库	10	
用 SSMS 收缩数据库	能用 SSMS 收缩数据库	10	
职业素养	举一反三、触类旁通	10	
合计			

第 **5** 章

表的创建与管理

学习目标

- 能根据项目逻辑设计使用 SSMS 和 T – SQL 语句创建表。
- 能根据项目逻辑设计中的完整性规则使用 SSMS 和 T – SQL 语句设置表的主码、外码和约束等。
- 能根据项目逻辑设计创建并管理数据库关系图。

学习导航

本章介绍表的创建与管理方法，属于物理设计阶段的内容，将完成从逻辑设计阶段到物理设计阶段的具体实现，从而形成数据库三级模式结构中的模式（TABLE）级。本章学习内容在数据库应用系统开发中的位置如图 5 – 1 所示。

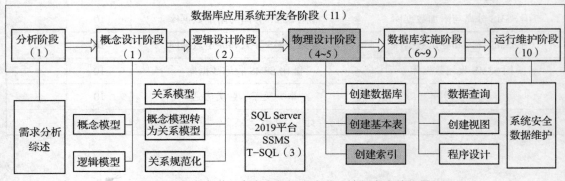

图 5 – 1 本章学习内容在数据库应用系统开发中的位置

5.1　任务 1：认识表

- 理解 SQL Server 2019 数据表的基本概念。
- 熟练掌握表的设计步骤。

设计数表之前，应该进行需求分析，确定概念模型，将概念模型转换为关系模型，且关系模型中的每一个关系对应数据库的一个表。

对于概念模型、关系模型以及具体数据库管理系统中的表的术语对照见表 5-1。

表 5-1　概念模型、关系模型以及具体数据库管理系统中的表的术语对照

序号	概念模型	关系模型	SQL Server 2019
1	实体集/联系集（Entity/Relationship Set）	关系（Relation）	表（Table）
2	实体/联系（Entity/Relationship）	元组（Tuple）	行（Row）/记录（Record）
3	属性（Attribute）	属性（Attribute）	列（Column）/字段（Field）
4	主键（Primary Key）	主键（Primary Key）	主键（Primary Key）
5	外键（Foreign Key）	外键（Foreign Key）	外键（Foreign Key）
6	实体和联系	被参照关系和参照关系 父关系和子关系 主关系和从关系	主键表和外键表 父表和子表 主表和从表

5.1.1　表的构成

表是数据库对象，用于存储实体集和实体间联系的数据。SQL Server 2019 数据表由表名、字段和记录 3 个部分组成。

（1）表名：对应关系模型中的关系名。

（2）字段：即每一列，用来保存关系的属性。

（3）记录：也称数据行，用来保存关系的元组，是一个具体的实例。

例如：教学管理系统 EDUC 数据库中的学生表 "Student" 如图 5-2 所示。

认识表

5.1.2　表的设计步骤

设计表时，需要遵循实体完整性、用户（域）定义完整性、参照完整性规则（详见第 2 章关系完整性约束）。设计表时需要确定如下内容：

图 5 – 2　学生表 "Student"

（1）列（即字段名）的数据类型有何要求；

（2）哪些列可以为空（NULL）；

（3）哪些列作为主键；

（4）哪些列作为外键；

（5）列上是否使用约束（Constraint）、默认值（Default）和规则（Rule）；

（6）需要什么样的索引（Index）。

5.1.3　数据类型

SQL Server 2019 的数据类型很丰富，表 5 – 2 列出了 SQL Server 2019 的基本数据类型。

表 5 – 2　SQL Server 2019 的基本数据类型

序号	类别	名称	说明
1	精确整数	tinyint	更小的整数 0 ~ 255
		smallint	短整数 $-2^{15} \sim 2^{15}-1$
		int	整数 $-2^{31} \sim 2^{31}-1$
		bigint	长整数 $-2^{63} \sim 2^{63}-1$
2	精确小数	decimal$\big[(p\,[\,,\,s\,])\big]$	p 表示数字的精度（1 ~ 38）；s 表示数字的小数位数（0 ~ p）
		numeric$\big[(p\,[\,,\,s\,])\big]$	同上
3	近似数字	float$\big[(n)\big]$	$-1.79E+308 \sim 1.79E+308$，n 决定其长度与精度
		real	$-3.40E+38 \sim 3.40E+38$

续表

序号	类别	名称	说明
4	货币	money	$-2^{63} \sim 2^{63}-1$（保留小数点后 4 位）
		smallmoney	$-2^{31} \sim 2^{31}-1$（保留小数点后 4 位）
5	字符	char[（n）]	定长字符型，n 为字符长度，最大为 8 000 个字符，比设定长度短时使用空格填充。使用时，必须用双引号或者单引号将字符型常量括起来
		varchar[（n）]	变长字符型，n 为字符长度，最大为 8 000 个字符，默认值为 1
		text	专门用于存储数量庞大的变长字符数据，最大长度可达到 $2^{31}-1$ 个字符
6	unicode（双字节字符）	nchar[（n）]	定长 unicode 字符，最大长度为 4 000 个字符，比设定长度短时用空格填充
		nvarchar[（n）]	变长 unicode 字符，最大长度为 4 000 个字符，使用 max 关键字表示其长度可足够大（达 2^{31} 字节）
		ntext	变长 unicode 字符，保持向后兼容的需要，可使用 varchar（max）代替
7	日期和时间	datetime	支持日期从 1753 年 1 月 1 日到 9999 年 12 月 31 日，时间部分的精确度是 3.33 毫秒
		smalldatetime	支持日期从 1900 年 1 月 1 日到 2079 年 6 月 6 日，时间部分只能够精确到分钟
		datetime2	支持日期从 0001 年 1 月 1 日到 9999 年 12 月 31 日，时间部分的精确度是 100 纳秒
		date	支持日期从 0001 年 1 月 1 日到 9999 年 12 月 31 日，只记录日期
		time	存储一个特定的时间信息而不涉及具体的日期时，精确到 100 纳秒
		datetimeoffset	包含时区，精确到 100 纳秒
8	二进制（图像、视频、音乐等）	binary[（n）]	定长二进制数据，n 为数据长度，数据占（n+4）字节空间，最大长度为 8 000
		varbinary[（n）]	同上（变长），使用 max 关键字表示其作为 LOB（大对象）字段（达 2^{31} 字节）
		image	保持向后兼容的需要，可使用 varchar（max）代替

序号	类别	名称	说明
9	特殊	cursor	用于存储过程中对游标的引用
		table	用于存储结果集以进行后续处理，通常作为用户定义函数返回，在表的定义中不可作为可用的数据类型
		bit	0 或 1，用于判定真假
		timestamp	自动生成的唯一的二进制数，修改行时随之修改，反映修改数据行的时间，每个表只能有一个
		uniqueidentifier	全球唯一标识（GUID），十六进制数字，由网卡/处理器 ID 以及时间信息产生
		XML	用于存储 XML 数据（文档或片段），可以像使用 int 数据类型一样使用 XML 数据
		sql – variant	用于存储各种数据类型（不包括 text、ntext、image、timestamp 和 sq_variant 等）的值，其列可能包含不同类型的行
10	用户自定义	用户自行命名	用户可创建自定义的数据类型，详见第 8 章

提示：（1）char（或 nchar）用于保存单据票号、身份证号码这类固定（或者比较固定）长度的数据，如果保存的数据长度小于定义的长度，则会在保存的数据后面填充空格，所以它始终占用与字段定义长度相同的存储空间。

（2）varchar（或 nvarchar）用于保存公司名称、地址信息这类长度不固定的数据，它占用的存储空间根据实际保存的数据长度确定。

（3）text（或 ntext）用于保存前面 4 种数据类型无法存储的数据。由于它的数据一般不存储在数据行中，在数据处理和检索时，要从另外的地址读取数据，所以它的效率在几种数据类型中是最低的。

（4）使用 date 数据类型只存储一个日期，使用 time 数据类型只存储一个时间值。在新的数据类型中时间部分现在支持的精度可以达到 100 纳秒。如果存储日期需要与 SQL Server 的时区保持一致，可以使用 datetimeoffset 数据类型。

5.2　任务 2：使用 SSMS 创建、修改和删除表

任务目标

● 理解创建表的数据模型。

● 熟练掌握使用 SSMS 创建、修改和删除表的方法。

在使用 SSMS 进行数据表的创建之前，需要确定关系模型，关系模型中的每一个关系对应数据库的一个表。

本任务以教学管理系统 EDUC 数据库的学生选课子系统为例介绍使用 SSMS 创建表的方法。其数据模型如下：

```
Student(SID,Sname,Sex,Birthday,Specialty,Telephone)   PK:SID
Course(CID,Cname,Period,Credit)        PK:CID
SC(SID,CID,Score)      PK:SID,CID        FK:SID 和 CID
```

使用 SSMS 创建表的效果如图 5 - 3 所示。

5.2.1　创建表

1. 定义表的列

【**例 5 - 1**】　在教学管理系统 EDUC 数据库中创建学生表 "Student"、课程表 "Course" 和选课表 "SC"。

（1）在 "对象资源管理器" 窗口中，展开 "数据库" → "EDUC" 节点，用鼠标右键单击 "表" 节点，从弹出的菜单中选择 "新建" → "表" 命令，如图 5 - 4 所示。

（2）在打开的 "表设计器" 窗口中第 1 列中输入列名，例如 "SID"；在第 2 列中选择数据类型，例如 "char（10）"；在第 3 列中选择是否为空，依此类推，完成效果如图 5 - 5 所示，并在列 "Specialty" 的列属性中设置默认值 "软件技术"。

（3）保存表的定义。单击 "表设计器" 窗口右上角的 "关闭" 按钮，会出现保存更改提示对话框，单击 "是" 按钮。也可单击工具栏中的 "保存" 按钮或者单击 "表设计器" 页标签会出现 "选择名称" 对话框，输入表名 "Student"，如图 5 - 6 所示，再单击 "确定" 按钮。

（4）同理创建表 "Course" 和 "SC"，如图 5 - 7、图 5 - 8 所示。

使用 SSMS 创建
与管理表

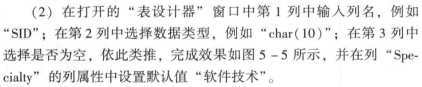

图 5 - 3　EDUC
数据库中创建的表

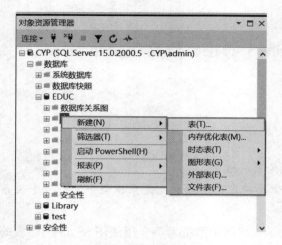

图 5 - 4　新建表

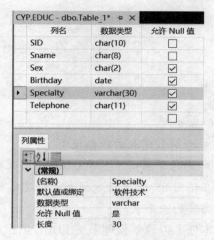

图 5 - 5　定义表 "Student" 列属性

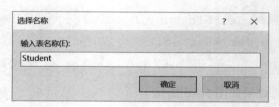

图 5 - 6　保存创建表对话框

列名	数据类型	允许 Null 值
SID	char(10)	☐
CID	char(8)	☐
Grade	numeric(5, 1)	☑

图 5 - 7　创建表 "Course"

列名	数据类型	允许 Null 值
CID	char(8)	☐
Cname	nchar(30)	☐
Period	int	☑
Credit	decimal(3, 1)	☑

图 5 - 8　创建表 "SC"

2. 创建主键约束

【例 5 - 2】　创建表 "Student" 中的 "SID"、表 "Course" 中的 "CID"、表 "SC" 中的 "SID，CID" 为表的主键。

（1）在例 5 - 1 的基础上，在 "对象资源管理器" 窗口中，展开 "数据库" → "EDUC" → "表" 节点，用鼠标右键单击表 "Student" 节点，从弹出的菜单中选择 "设计" 命令，打开 "表设计器" 页。

（2）在 "表设计器" 窗口中，选择 "SID"，再用鼠标右键单击所选择的列，从出现的菜单中选择 "设置主键" 命令或者单击工具栏中的 "设置主键" 按钮，如图 5 - 9 所示，为表 "Student" 设置主键 "SID"，设置后的主键如图 5 - 10 所示。

同理设置表 "Course" 和 "SC" 的主键，如图 5 - 11、图 5 - 12 所示。

组合键作主键时，选择某一列名后按住 Shift 键单击另一列名，可以选择连续列名；或者按住 Ctrl 键单击其他列，可以选择不相邻的列名。

图 5-9　为表"Student"设置主键

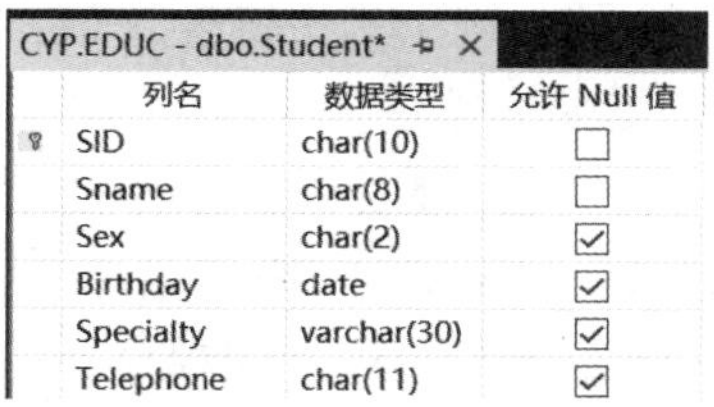

图 5-10　表"Student"的"SID"主键

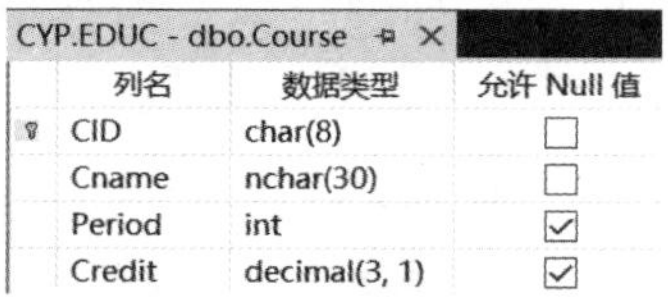

图 5-11　表"Course"的主键设置

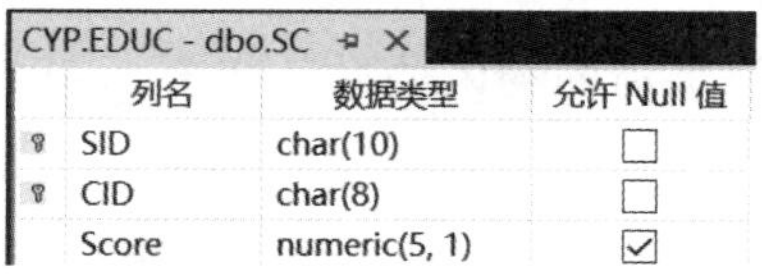

图 5-12　表"SC"的主键设置

3. 创建唯一键

【**例 5-3**】　表"Course"中不允许课程名相同，则应为列"Cname"创建唯一键。

（1）用鼠标右键单击"表设计器"页，从弹出的菜单中选择"索引/键"命令或者单击工具栏上的"管理索引/键"按钮，为表创建唯一键。

（2）在出现的"索引/键"对话框中，单击"添加"按钮添加新的主/唯一键或索引；在"（常规）"区域的"类型"右边选择"唯一键"选项，在"列"的右边单击省略号按钮"…"，选择列名"Cname"和排序规则"ASC（升序）"或"DESC（降序）"，如图 5-13 所示。

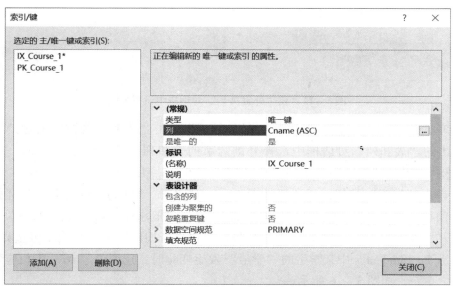

图 5-13　在"索引/键"对话框中创建唯一键

提醒：唯一键可以为空，值不相同；主键不能为空，值也不相同。每个表可以有多个 UNIQUE 约束，但是每个表只能有一个 PRIMARY KEY 约束。

4. 创建外键

外键用于保证数据的参照完整性。SQL Server 2019 中的关系是表之间的连接，用外键表（参照关系）中的外键引用主键表（被参照关系）中的主键。一旦成功创建外键关联，就能够保证数据的参照完整性。

【例5-4】 将外键表"SC"中的"SID"和"CID"列设置为外键。其中"SID"（学号）参照主键表"Student"中的主键"SID"（学号），其中"CID"（课程号）参照主键表"Course"中的主键"CID"（课程号）。

（1）在 EDUC 数据库节点中选择"SC"。在"表设计器"页任意空白处单击或用鼠标右键单击某列，从弹出的菜单中选择"关系"命令，出现"外键关系"对话框，单击"添加"按钮添加新的约束关系，如图 5-14 所示。

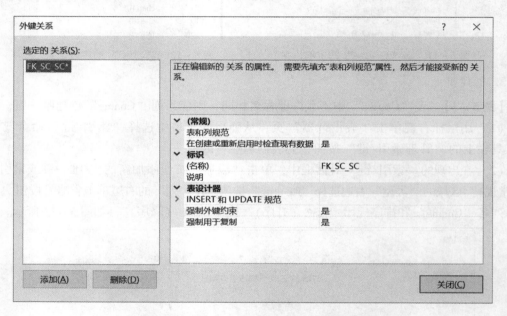

图 5-14 在"外键关系"对话框中设置外键

（2）单击"表和列规范"左边的"＞"号，再单击"表和列规范"右边的省略号按钮，从弹出的"表和列"对话框中选择外键约束的表和列，选择外键表"SC"中的外键"SID"，选择主键表"Student"中的主键"SID"，如图 5-15 所示。

（3）单击"确定"按钮，回到"外键关系"对话框，"强制外键约束"与"强制用于复制"选项默认为"是"，确保任何数据添加、修改或删除操作都不会违背参照关系。单击"INSERT 和 UPDATE 规范"左边的"＞"号，在"更新规则"下拉列表中可选择"级联"选项，即当表"Student"中某学生的"学号"发生变化时，选课表"SC"中相应学生的数据行也随之更新，如图 5-16 所示。

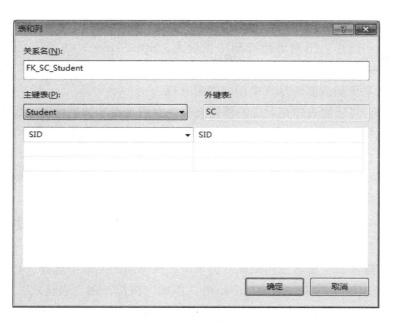

图 5 - 15　设置主键表和外键表的关系字段

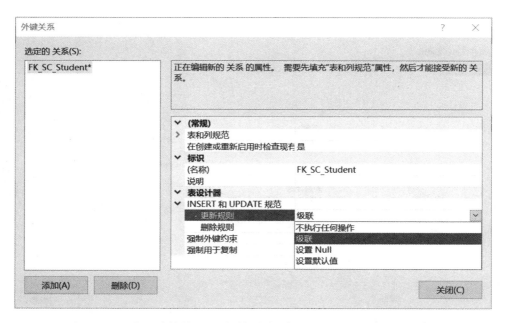

图 5 - 16　在"外键关系"对话框中设置 INSERT 和 UPDATE 规范

（4）同理，为表"SC"添加外键"CID"。

在设置"INSERT 和 UPDATE 规范"时，如果对主键表进行更新（Update）或删除（Delete）一行数据的操作，应检查主键表的主键是否被其他表引用，分为以下两种情况。

①若没有被引用，则更新或删除。

②若被引用，可能发生以下 4 种操作之一：

a. 不执行任何操作：拒绝更新或删除主键表，SQL Server 2019 将显示一条错误信息，提示用户不允许执行该操作；

b. 级联：级联更新或删除从表中相应的所有行；

c. 设置 Null：将外键表中相对应的外键值改为空值 Null（如果可以接受空值）；

d. 设置默认值：如果外键表的所有外键列均为已定义默认值，将设置为列定义的默认值。

5. 创建 CHECK（检查）约束

对表中某些列创建 CHECK 约束是为了实施数据的域完整性约束。

【例 5 – 5】 为表"Student"中的"Sex"（性别）列设置 CHECK 约束，以确保在此列中输入数据的正确性。

在"表设计器"页空白区域用鼠标右键单击，从弹出的菜单中选择"CHECK 约束"命令，在打开的"CHECK 约束"对话框中单击"添加"按钮，在"表达式"文本框中输入检查表达式"〔Sex〕='男'OR〔Sex〕='女'"，其他选项为默认设置，如图 5 – 17 所示。单击"关闭"按钮完成设置。

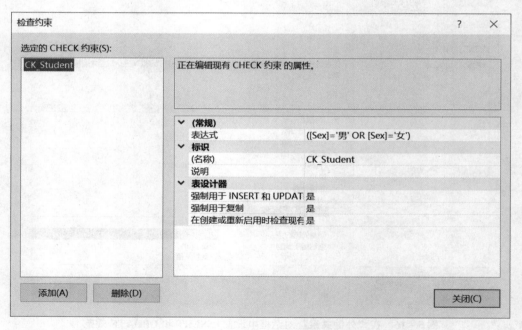

图 5 – 17 设置 CHECK 约束表达式

6. 定义标识列

标识列可以实现数据实体完整性。SQL Server 2019 中的标识列又叫自增列，该列具有以下 3 个特点：

（1）列的数据类型是不能带小数的数值类型；

（2）在进行插入数据操作时，该列的值由系统按一定规律生成，不允许为空值；

（3）列值不重复，具有唯一标识表中一行的作用，也可当作主键使用。

创建一个标识列，要指定以下 4 个内容：

（1）指定不带小数的数值类型；

（2）将"（是标识）"设置成"是"；

（3）设置标识种子，指表中第一行的值，默认值为 1。

（4）设置标识增量，表示相邻两个标识值之间的增量，默认值为 1。

【例 5 - 6】　在"Student"表中新增一列"ID"，并将其定义为标识列，标识种子为 1，标识增量为 1，如图 5 - 18 所示。

设置标识列后，在表中录入数据时候，"ID"列会自动从 1 开始计数，依次进行加 1 操作，最后效果如图5 - 19 所示。

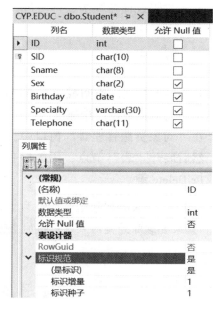

图 5 - 18　标识列的定义

ID	SID	Sname	Sex	Birthday	Specialty	Telephone
1	2020051001	杨静	女	2001-05-05	计算机应用技术	13224089416
2	2020051002	夏宇	男	2000-04-27	计算机应用技术	13567895214
3	2020051003	李志梅	女	2002-08-18	计算机应用技术	18656253256
4	2020051005	方孟天	男	2000-10-06	软件技术	13852453256
5	2020051006	李盼盼	女	2001-04-12	软件技术	13552436188
6	2020051007	田聪	女	2002-10-11	云计算计算应用	13752436148
7	2020051183	郝静	女	2001-08-24	软件技术	13452456185
8	2020051202	王丽	女	2001-07-05	云计算技术应用	13659875234
9	2020051206	侯爽	女	2001-05-29	计算机网络技术	13952436165
10	2020051231	吕珊珊	女	2000-10-27	大数据技术	13752436179
11	2020051232	杨树华	女	2001-07-05	计算机网络技术	13752436175
12	2020051235	周梅	女	2001-06-22	计算机网络技术	13752436195
13	2020051302	王欢	男	2000-08-26	计算机网络技术	13752436765
14	2020051328	程伟	男	2002-01-30	软件技术	13243542436
15	2020051424	赵本伟	男	2001-09-03	大数据技术	13786532459
16	2020051504	张峰	男	2002-09-03	云计算技术应用	13567424242

图 5 - 19　标识列数据效果

5.2.2　修改表

在"对象资源管理器"窗口中，展开"数据库"节点，再展开所选择的具体数据库节点，然后展开"表"节点，用鼠标右键单击要修改的表，从弹出的菜单中选择"设计"命令，进入"表设计器"页，即可进行表定义的修改，其方法同创建表。

5.2.3 删除表

若要释放数据库空间或者不再使用表，则需要删除表。删除表时，表的结构、数据、约束等都永久地从数据库中删除。

在"对象资源管理器"窗口中，展开"数据库"节点，再展开所选择的具体数据库节点，然后展开"表"节点，用鼠标右键单击要删除的表，从弹出的菜单中选择"删除"命令或按 Delete 键。

> **提示：** 如果要删除通过外键和主键约束相关的外键表和主键表，则必须首先删除外键表。如果要删除外键约束中引用的主键表而不删除外键表，则必须删除外键表的外键约束。

5.3 任务3：使用 T－SQL 语句创建、修改和删除表

任务目标

- 理解创建表的数据模型。
- 熟练掌握使用 T－SQL 创建、修改和删除表的方法。

在使用 T－SQL 语句进行数据表的创建之前，需要确定关系模型，关系模型中的每一个关系对应数据库的一个表。

5.3.1 创建表

1. 使用 CREATE TABLE 命令创建表

其语法格式如下：

```
CREATE TABLE 表名
    (列名 1 数据类型[列级完整性约束 1],
    [列名 2 数据类型[列级完整性约束 2]],
    ……
    [列名 n 数据类型[列级完整性约束 n]],
    [表级完整性约束 1],
    ……
    [表级完整性约束 n]
    )
```

功能：CREATE TABLE 命令为表定义各列的名字、数据类型和完整性约束。

其中，列级完整性约束如下：

（1）DEFAULT 常量表达式：默认值约束；

（2）NULL/NOT NULL：空值/非空值约束；

（3）UNIQUE：唯一约束；

（4）PRIMARY KEY：主键约束，等价非空和唯一约束；

（5）REFERENCES 父表名（主键）：外键约束；

（6）CHECK（逻辑表达式）：检查约束。

其中，表级完整性约束如下：

（1）UNIQUE（列名1，列名2，…，列名n）：多个列名单值约束；

（2）PRIMARY KEY（列名1，列名2，…，列名n）：多个列名组合主键约束；

（3）FOREIGN KEY（外键）REFERENCES 主键表（主键）：多个列名组合外键约束；

（4）CHECK（逻辑表达式）：含有多个列名逻辑表达式的检查约束。

利用 T‐SQL 语句创建表的语法格式中有很多选项，可以通过实例和联机帮助了解。下面的 T‐SQL 语句均在 SSMS 的"查询编辑器"中进行编辑，编辑完成后单击"SQL 编辑器"工具栏中的"执行"按钮完成操作。

2. 应用举例

【例5‐7】　图书管理系统的数据模型如下，创建其相应的表及其约束。

```
ReaderType(TypeID,Typename,LimitNum,LimitDays)
  PK:TypeID
Reader(RID,Rname,TypeID,Lendnum)
  PK:RID    FK:TypeID
Book(BID,Bname,Author,PubComp,PubDate,Price,Class)
  PK:BID
Borrow(RID,BID,LendDate,ReturnDate)
  PK:RID,BID,LendDate    FK:RID 和 BID
```

在图书管理系统的 Library 数据库中，创建读者表"Reader"、读者类型表"Reader-Type"、图书表"Book"和借阅表"Borrow"。

利用 T‐SQL 语句创建表的效果如图 5‐20 所示。

在 SSMS 窗口中，单击工具栏中的"新建查询"按钮，分别在"查询编辑器"中输入以下代码，之后单击"SQL 编辑器"工具栏中的"执行"按钮。

（1）创建读者类型表"ReaderType"，代码如下：

使用 **T – SQL** 语句
创建数据表

图 5 – 20　Library 数据库中创建的表

```
USE Library
GO
CREATE TABLE ReaderType                 --读者类型表
(
TypeID intPRIMARY KEY,                   --读者类型编号,主键
Typename char(8)NULL,                    --读者类型名称
LimitNum intNULL,                        --限借数量
LimitDays intNULL                        --限借天数
)
```

（2）创建读者表"Reader"，代码如下：

```
USE Library
GO
CREATE TABLE Reader                              --读者表
(
RID char(10)PRIMARY KEY,                         --读者编号,主键
Rname char(8)NULL,                               --读者姓名
TypeID intNULL,                                  --读者类型
Lendnum intNULL,                                 --已借数量
FOREIGN KEY(TypeID)references ReaderType(TypeID)
on delete no action                              --外键,不级联删除
)
```

（3）创建图书表"Book"，代码如下：

```
USE  Library
GO
CREATE TABLE Book                       --图书表
(
BID char(10)PRIMARY KEY,                --图书编号,主键
```

```
Bname nvarchar(42)NULL,                        --书名
Author nvarchar(20)NULL,                       --作者
PubComp nvarchar(28)NULL,                       --出版社
Pubdate dateNULL,                               --出版日期
Pricemoney NULL CHECK(Price >0),               --价格,检查约束
Class char(10)NULL                              --所属类别
)
```

（4）创建图书借阅表"Borrow"，代码如下：

```
USE Library
GO
CREATE TABLE Borrow                            --借阅表
(
RID char(10)NOTNULL                             --设置外键,级联删除
FOREIGN KEY references reader(RID)on delete cascade,
BID char(9)NOTNULL                              --设置外键,不级联删除
FOREIGN KEY references Book(BID)on delete no action,
LendDate datetime2(0)NOT NULL default(getdate()),
                                                --借书日期,默认当前日期
ReturnDate datetime2(0)NULL,                    --还书日期
PRIMARY KEY(RID,BID,LendDate)                   --设置组合键为主键
)
```

执行上述语句成功后，在"对象资源管理器"窗口中，展开"数据库"→"Library"
节点，刷新其中的内容，再展开"表"节点，可以看到新建的表，如图5－20所示。

5.3.2　修改表

使用 ALTER TABLE 命令修改表定义，其语法格式如下：

```
ALTER TABLE 表名
[ALTER COLUMN 列名　列定义]                      --修改列定义
[ADD　列名数据类型约束]                          --新增一列
    ...
[DROP 列名]                                      --删除一列
    ...
[ADD CONSTRAINT 约束名约束]                      --添加约束
    ...
```

```
[DROP CONSTRAINT 约束名]                    -- 删除已有约束
```

1. 修改列（字段）属性

【例 5 – 8】 把表"Book"中"Bname"的类型"nvarchar（40）"改为"nvarchar（42）"。代码如下：

```
USE Library
GO
ALTER TABLE Book
    ALTER COLUMN Bname varchar(42)NOT NULL
GO
```

使用 T – SQL 语句
修改数据表

2. 添加或删除列

【例 5 – 9】 为表"Book"新增字段"ISBN"。代码如下：

```
USE Library
GO
    ALTER TABLE Book
    ADD ISBN varchar(17)NULL
GO
```

【例 5 – 10】 删除表"Book"中的列"ISBN"（删除后可再创建）。代码如下：

```
USE Library
GO
    ALTER TABLE Book
    DROP COLUMN ISBN
GO
```

【例 5 – 11】 为表"Reader"新增字段"Email"。代码如下：

```
USE Library
GO
ALTER TABLE Borrow
    ADD E_mail varchar(40)NULL CHECK(Email like '%@%')
GO
```

3. 添加或删除约束

【例 5 – 12】 为表"Borrow"添加主键约束。代码如下：

```
USE Library
GO
```

```
ALTER TABLE Borrow
  ADD constraint PK_B PRIMARY KEY(RID,BID,LendDate)
GO
```

【例 5 – 13】　为表"Borrow"删除主键约束（先删除原创建的主键约束）。代码如下：

```
USE Library
GO
 ALTER TABLE Borrow
    DROP CONSTRAINT PK_B
GO
```

【例 5 – 14】　为表"Borrow"添加外键"RID"约束（先删除原创建的外键约束）。代码如下：

```
USE Library
GO
ALTER TABLE Borrow
 ADD constraint FK_RID FOREIGN KEY(RID)
    references Reader(RID)
GO
```

【例 5 – 15】　为表"Book"添加价格大于零且小于 100 的检查约束。代码如下：

```
USE Library
GO
ALTER TABLE Book
 ADD constraint ck_book_pr   CHECK(Price >0 AND Price <100)
GO
```

5.3.3　删除表

使用 DROP TABLE 命令删除表，其语法格式如下：

```
DROP TABLE 表名
```

【例 5 – 16】　在 Library 数据库中创建一个表"test"，然后删除。代码如下：

```
USE Library
GO
DROP TABLE test
```

5.4　任务4：在数据表中添加、修改、删除数据行

任务目标

- 熟练掌握使用 SSMS 添加、修改和删除数据行的方法。
- 熟练掌握使用 T – SQL 语句添加、修改和删除数据行的方法。

在定义表之后，需要向表中添加数据行。下面分别介绍使用 SSMS 和 T – SQL 语句向已经定义好的表中添加数据行的方法。

5.4.1　使用 SSMS 添加、修改、删除数据行

1. 添加数据行

在"对象资源管理器"窗口中，展开"数据库"节点，再展开所选择的具体数据库节点，然后展开"表"节点，用鼠标右键单击要添加数据行的表，从弹出的菜单中选择"编辑前200行"命令，即可在编辑状态下添加数据行。

【例 5 –17】　使用 SSMS 为 EDUC 数据库的各表添加数据行，如图 5 – 21 ~ 图 5 – 23 所示。

ID	SID	Sname	Sex	Birthday	Specialty	Telephone
1	2020051001	杨静	女	2001-05-05	计算机应用技术	13224089416
2	2020051002	夏宇	男	2000-04-27	计算机应用技术	13567895214
3	2020051003	李志梅	女	2002-08-18	计算机应用技术	18656253256
4	2020051005	方孟天	男	2000-10-06	软件技术	13852453256
5	2020051006	李盼盼	女	2001-04-12	软件技术	13552436188
6	2020051007	田聪	女	2002-10-11	云计算计算应用	13752436148
7	2020051183	郝静	女	2001-08-24	软件技术	13452456185
8	2020051202	王丽	女	2001-07-05	云计算技术应用	13659875234
9	2020051206	侯爽	女	2001-05-29	计算机网络技术	13952436165
10	2020051231	吕珊珊	女	2000-10-27	大数据技术	13752436179
11	2020051232	杨树华	女	2001-07-05	计算机网络技术	13752436175
12	2020051235	周梅	女	2001-06-22	计算机网络技术	13752436195
13	2020051302	王欢	男	2000-08-26	计算机网络技术	13752436765
14	2020051328	程伟	男	2002-01-30	软件技术	13243542436
15	2020051424	赵本伟	男	2001-09-03	大数据技术	13786532459
16	2020051504	张峰	男	2002-09-03	云计算技术应用	13567424242

图 5 – 21　表"Student"的数据行

在"对象资源管理器"窗口中，展开"数据库"→"EDUC"→"表"节点，分别用鼠标右键单击表"Student""Course"和"SC"节点，从出现的菜单中选择"编辑前200行"命令，即可在编辑状态下添加数据行。由于 EDUC 数据库中设置了3张表的关系，故在添加数据行时遵循先添加主键表（Student 和 Course，无先后关系），再添加外键表（SC）的原则；倘若没有设置外键关联，表中数据行的录入无先后关系。

CID	Cname	Period	Credit
16020010	C语言程序设计	... 90	5.0
16020011	平面制作	... 60	3.0
16020012	网页设计	... 60	3.0
16020013	数据结构	... 80	4.0
16020014	数据库应用技术	... 80	4.0
16020015	专业英语	... 60	3.0
16020016	软件工程	... 80	4.0
16020017	平面与立体构成	... 60	3.0
16020018	面向对象程序设计	... 100	5.0
16020019	计算机网络技术	... 80	4.0
16020020	Java语言程序设计	... 80	4.0
16020021	操作系统	... 80	4.0

图 5 - 22 表 "Course" 的数据行

SID	CID	Score
2020051001	16020010	96.0
2020051001	16020011	80.0
2020051002	16020012	78.0
2020051002	16020013	87.0
2020051002	16020014	85.0
2020051003	16020014	89.0
2020051003	16020015	90.0
2020051202	16020010	67.0

图 5 - 23 表 "SC" 的数据行

2. 修改数据行

当添加数据行时发生错误或者事物发生变化时，需要修改数据行。

在 "对象资源管理器" 窗口中，展开 "数据库" 节点，再展开所选择的具体数据库节点，然后展开 "表" 节点，用鼠标右键单击要更新数据的表，在出现的菜单中选择 "编辑前 200 行" 命令，即可更新数据。

3. 删除数据行

如果表中的数据行不再需要，可以将其删除以释放存储空间。

在 "对象资源管理器" 窗口中，展开 "数据库" 节点，再展开所选择的具体数据库节点，然后展开其中的 "表" 节点，用鼠标右键单击要删除数据行的表，选择 "编辑前 200 行" 命令，再用鼠标右键单击要删除的数据行，弹出的菜单中选择 "删除" 命令即可。

5.4.2 使用 T - SQL 语用添加、修改、删除数据行

1. 添加数据行

1）使用 INSERT…VALUES 语句

语法格式如下：

使用 T - SQL 语句
添加、修改和
删除数据行

```
INSERT[INTO]表名|视图名[(列表名)]
VALUES(常量表)
```

功能：使用包含 VALUES 子句的 INSERT 语句可以把数据行添加到表中。

（1）插入一行所有列的值。

【例 5 - 18】 为表 "ReaderType" 添加数据行。表中数据如图 5 - 24 所示。代码如下：

```
USE Library
GO
  INSERT INTO ReaderType VALUES(1,'教师',10,90)
  INSERT INTO ReaderType VALUES(2,'职员',5,60)
```

CYP.Library - dbo.ReaderType

TypeID	Typena...	LimitNum	LimitDays
1	教师	10	90
2	职员	5	60
3	学生	3	30

图 5 – 24　表“ReaderType”的数据行

```
INSERT INTO ReaderType VALUES(3,'学生',3,30)
GO
```

（2）插入一行部分列。

【例 5 – 19】 为表“Reader”添加读者“李茜”的部分信息，同理完成其他数据行的添加。表中数据如图 5 – 25 所示。代码如下：

CYP.Library - dbo.Reader

RID	Rname	TypeID	Lendnum	Email
2001030002	李茜	2	*NULL*	liqian@126.com
2001050001	陈艳平	1	*NULL*	cyp@163.com
2009051001	杨静	1	*NULL*	yangjing@sina.com
2009051002	夏宇	3	*NULL*	xiayu@hotmail
2009051003	李志梅	3	*NULL*	lzm@msn.com
2009055001	王丽	3	*NULL*	wl@sina.com
2009055002	程伟	3	*NULL*	cw@163.com
2009055003	郝静	3	*NULL*	hj@msn.com
2009055004	张峰	3	*NULL*	zhangfeng@163.c...
2009056001	吕珊珊	3	*NULL*	*NULL*

图 5 – 25　表“Reader”的数据行

```
USE Library
GO
 INSERT Reader(RID,Rname,TypeID,Email)
   VALUES('2001030002','李茜',2,'liqian@126.com')
GO
```

同理，完成表“Book”和“Borrow”数据行的添加，如图 5 – 26 和图 5 – 27 所示。

CYP.Library - dbo.Book

BID	Bname	Author	PubComp	PubDate	Price	ISBN	Class
G448-01	教育心理学	靳莱文	人民邮电出版社	2011-04-01	78.0000	7-115-24710-2	教育类
G455-01	大学生创新能力开发与应用	何静	同济大学出版社	2011-04-06	32.0000	7-560-84516-0	教育类
TP311-011	Java信息系统设计与开发实例	黄明	机械工业出版社	2004-01-01	22.0000	7-111-14186-5	计算机类
TP311-012	Java信息管理系统开发	求是科技	人民邮电出版社	2005-04-01	34.0000	7-115-13214-3	计算机类
TP311-051	软件工程	张海藩	人民邮电出版社	2003-07-01	27.0000	7-115-11258-4	计算机类
TP311-052	软件工程案例开发与实践	刘竹林	清华大学出版社	2009-08-01	29.0000	7-81123-508-1	计算机类
TP392-01	数据库系统概论	萨师煊	高等教育出版社	2000-08-01	25.0000	7-04-007494-1	计算机类
TP392-02	数据库应用技术（SQL Server 2005）	周慧	人民邮电出版社	2009-03-01	29.0000	7-115-19345-2	计算机类
TP392-03	SQL Server 2005应用教程	梁庆枫	北京大学出版社	2010-08-01	25.0000	7-301-17605-4	计算机类
TP945-08	计算机组装与维护	孙中胜	中国铁道出版社	2003-07-01	24.0000	7-113-05287-8	计算机类

图 5 – 26　表“Book”的数据行

CYP.Library - dbo.Borrow

RID	BID	LendDate	ReturnDate
2009051001	TP311-011	2021-03-30 13:46:...	*NULL*
2009051001	TP311-012	2021-04-06 13:40:...	*NULL*
2009051002	TP311-011	2021-02-15 13:42:...	*NULL*
2009051002	TP392-03	2021-04-09 13:46:...	*NULL*
2009055002	TP945-08	2021-01-28 13:43:...	2021-03-22...
2009055003	TP392-03	2021-03-30 13:41:...	*NULL*
2009055003	TP945-08	2021-02-18 13:43:...	*NULL*

图 5－27　表“Borrow”的数据行

2）使用 INSERT…SELECT 语句

语法格式如下：

```
INSERT 表名
SELECT 查询语句
```

功能：SELECT 查询语句用于指定输入表的值，通过 SELECT 查询语句生成结果集，并将其添加到 INSERT 后指定的表中。

【例 5－20】 使用 INSERT…SELECT 语句将图书表“Book”中计算机类的图书添加到新建的表“BookTest”中。

（1）在 Library 数据库中新建表“BookTest”。代码如下：

```
USE Library
GO
CREATE TABLE BookTest
 (
  BID char(9)NOTNULL PRIMARY KEY,
  Bnamen varchar(40)NULL,
  Authorn varchar(20)  NULL,
  PubComp nvarchar(28) NULL,
  Pubdatedate NULL,
  Price decimal(7,2)NULL CHECK(Price>0),
  ISBN varchar(17)NULL,
  Class char(10)NULL
 )
GO
```

（2）将图书表“Book”中计算机类的图书添加到新建的“BookTest”表中。代码如下：

```
INSERT BookTest
SELECT BID,Bname,Author,Pubcomp,Pubdate,Price,ISBN,Class
FROM  Book
```

```
WHERE  Class ='教育类'
```

执行以上代码，"BookTest"表中出现2行教育类的图书信息，如图5-28所示。

CYP.Library - dbo.BookTest ⊄ ×							
BID	Bname	Author	PubComp	Pubdate	Price	ISBN	Class
G448-01	教育心理学	斯莱文	人民邮电出版社	2011-04-01	78.00	7-115-24710-2	教育类
G455-01	大学生创新能力开发与应用	何静	同济大学出版社	2011-04-06	32.00	7-560-84516-0	教育类

图 5-28　表"BookTest"的数据行

2. 修改数据行

使用 UPDATE SET 命令修改表中的数据，其语法格式如下：

```
UPDATE 表名
SET  列名1=表达式1,…,列名n=表达式n
[WHERE 逻辑表达式]
```

功能：对于 UPDATE 所指定的表，当满足 WHERE 子句后的条件时，SET 子句为指定的列名附上"="后表达式的值。

【例5-21】　将读者类型表"ReaderType"中学生的限借数量和限借天数分别增加2本和5天。代码如下：

```
USE  Library
GO
UPDATE ReaderType
SET LimitNum=LimitNum+2,LimitDays=LimitDays+5
WHERE TypeName ='学生'
```

执行以上语句，打开"ReaderType"表，可以看到表中学生的限借数量由3变为5，限借天数由30变为35，如图5-29所示。

CYP.Library - dbo.ReaderType ⊄ ×			
TypeID	Typename	LimitNum	LimitDays
1	教师	10	90
2	职员	5	60
▶ 3	学生	5	35

图 5-29　"ReaderType"表的"学生"行更新后的数据

【例5-22】　统计读者表"Reader"中读者的借阅数量。代码如下：

```
USE  Library
GO
UPDATE Reader
SET Lendnum =
```

```
SELECT COUNT( * )FROM Borrow
WHERE returnDate is NULL  AND Reader.rid = Borrow.rid
GO
```

执行上述语句后，已经从“Borrow”表中统计出了读者的借阅数量，故“Reader”表的“Lendnum”字段的值已经由 NULL 变成了具体的数值，0 表示读者没有借阅图书，如图 5－30 所示。

CYP.Library - dbo.Reader

RID	Rname	TypeID	Lendnum	Email
2001030002	李茜	2	0	liqian@126.com
2001050001	陈艳平	1	0	cyp@163.com
2009051001	杨静	1	2	yangjing@sina.com
2009051002	夏宇	3	2	xiayu@hotmail
2009051003	李志梅	3	0	lzm@msn.com
2009055001	王丽	3	0	wl@sina.com
2009055002	程伟	3	0	cw@163.com
2009055003	郝静	3	2	hj@msn.com
2009055004	张峰	3	0	zhangfeng@163.com
2009056001	吕珊珊	3	0	*NULL*

图 5－30　表“Reader”中借阅数量更新后的数据行

3. 删除数据行

使用 DELETE 命令删除数据行，其语法格式如下：

```
DELETE 表名
[WHERE 逻辑表达式]
```

功能：删除表中符合 WHERE 子句指定条件的数据行

【例 5－23】　删除表“BookTest”中图书编号为“G448－01”的图书信息。代码如下：

```
USE Library
GO
DELETE BookTest WHERE BID = 'G448 -01'
```

执行上述代码后，表“BookTest”中图书编号为“G448－01”的数据行被删除，如图 5－31 所示。

CYP.Library - dbo.BookTest

BID	Bname	Author	PubComp	Pubdate	Price	ISBN	Class
G455-01	大学生创新能力开发与应用	何静	同济大学出版社	2011-04-06	32.00	7-560-84516-0	教育类

图 5－31　表“BookTest”中删除了图书编号为“G448－01”的图书信息

【例 5－24】　删除表“BookTest”中的所有数据行。代码如下：

```
USE Library
```

```
GO
DELETE BookTest
```

执行上述代码后，表"BookTest"的数据行被清空，如图 5 – 32 所示。

BID	Bname	Author	PubComp	Pubdate	Price	ISBN	Class
NULL	*NULL*	*NULL*	*NULL*	*NULL*	*NULL*	*NULL*	*NULL*

CYP.Library - dbo.BookTest

图 5 – 32 表"BookTest"中删除了所有数据行

5.5 任务 5：创建索引

任务目标

- 理解索引的基本概念。
- 熟练掌握使用 SSMS、T – SQL 语句创建和删除索引的方法。

用户对数据库最频繁的操作是进行数据查询。一般情况下，在对数据库进行查询操作时需要对整个表进行数据搜索。当表中的数据很多时，搜索数据就需要很长时间，造成服务器的资源浪费。为了提高检索数据的能力，数据库引入了索引机制。

5.5.1 索引概述

1. 索引的基本概念

在关系数据库中，索引是一种单独地、物理地对数据库表中一列或多列的值进行排序的一种存储结构，它是某个表中一列或若干列值的集合和相应的指向表中物理标识这些值的数据页的逻辑指针清单。索引的作用相当于图书的目录，读者可以根据目录中的页码快速找到所需的内容。

2. 索引的类型

SQL Sever 2019 提供了常用 3 种索引。

（1）唯一索引（Unique）：唯一索引是不允许其中任何两行具有相同索引值的索引。

（2）聚集索引（Clustered Index）：也称为聚簇索引，在聚集索引中，表中行的物理顺序与键值的逻辑（索引）顺序相同。一个表只能包含一个聚集索引，即如果存在聚集索引，就不能再指定 Clustered 关键字。

（3）非聚集索引（Nonclustered Index）：也叫非簇索引，在非聚集索引中，数据库表中记录的物理顺序与索引顺序可以不相同。一个表中只能有一个聚集索引，但表中的每一列都可以有自己的非聚集索引。如果在表中创建了主键约束，SQL Server 2019 将自动为其产生唯一性约束。在创建主键约束时，如果指定 Clustered 关键字，则将为表产生唯一聚集索引。

3. 创建索引原则

创建索引可以加快数据的检索速度、加速表与表之间的连接等，但过多地创建索引会占据磁盘空间，降低数据的维护速度，所以在创建索引时，必须权衡利弊。

一般在下列情况下适合创建索引：

（1）经常被查询搜索的列，如经常出现在 WHERE 子句的逻辑表达式中的列；

（2）在 ODER BY 子句中使用的列；

（3）外键或主键列；

（4）值唯一的列。

在下列情况下不适合创建索引：

（1）在查询中很少被引用的列；

（2）包含太多重复值的列；

（3）数据类型为 bit、text、image 等的列不能创建索引。

5.5.2　**使用 SSMS 创建索引**

1. 使用 SSMS 创建索引的方法

创建索引

【**例 5 – 25**】　在 EDUC 数据库中为学生表"Course"创建一个聚集的、唯一的复合索引"ClusteredIndex – SIDCname"。索引键为列组合"CID"和"Cname"，均为升序排列。

（1）在"对象资源管理器"窗口中，展开"数据库"节点，再展开具体数据库节点，然后展开具体的"表"节点，用鼠标右键单击其中的"索引"节点，从弹出的菜单中选择"新建索引"→"聚集索引"命令，如图 5 – 33 所示。

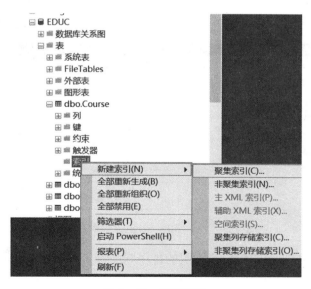

图 5 – 33　创建索引

（2）在打开的"新建索引"窗口中输入索引名，如"ClusteredIndex – SIDCname"，如图 5 – 34 所示。

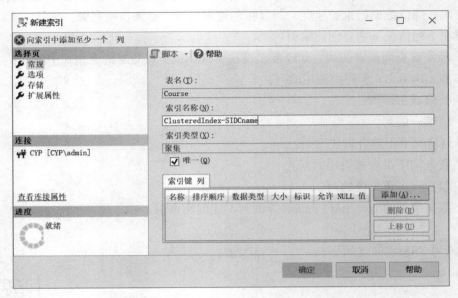

图 5 – 34　在"新建索引"窗口中输入索引名

（3）单击"添加"按钮，在打开的"从'dbo. Course'中选择列"窗口中选中要建索引的列，如"CID"和"Cname"，如图 5 – 35 所示。完成后单击"确定"按钮，返回"新建索引"窗口。

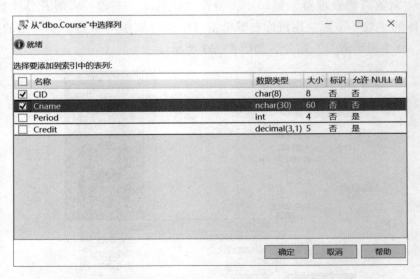

图 5 – 35　"从'dbo. Student'中选择列"

（4）在"新建索引"窗口中设置索引的排序顺序等，如图 5 – 36 所示。

（5）单击"确定"按钮，完成索引设置。

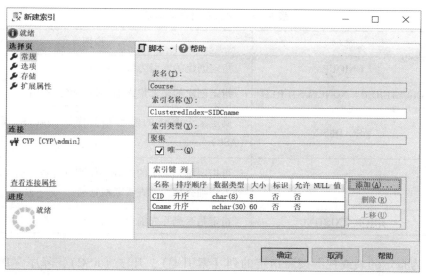

图 5 - 36 在 "新建索引" 窗口设置索引的排序顺序

提示： 主键用于保证数据完整唯一性，索引用于加快搜索效率。在默认情况下，主键会被自动创建为聚集索引，由于聚集索引只能有一个，通过在 "表设计器" 窗口中空白处单击鼠标右键，选择 "索引/键" 选项，在 "表设计器" 栏中将 "创建为聚集的" 改为 "否" 即可。

2. 使用 SSMS 删除索引

在 "对象资源管理器" 窗口中，展开 "数据库" 节点，再展开所选择的具体数据库节点，然后展开 "表" 节点下的 "索引" 节点，用鼠标右键单击要删除的索引，从弹出的菜单中选择 "删除" 命令或单击要删除的索引按 Delete 键即可删除索引，如图 5 - 37 所示。

5.5.3 使用 T - SQL 语句创建索引

1. 使用 T - SQL 语句创建索引的方法

使用 CREATE INDEX ON 命令创建索引，其语法格式如下：

```
CREATE [UNIQUE] [CLUSTERED |NONCLUSTERED] INDEX   索引名
ON <表名或视图名>(列名[ASC |DESC][,…,n])
[WITH   <索引项>
|[,][FILLFACTOR =填充因子]
|[,][DROP_EXISTING = {ON |OFF}]
…]
```

创建索引选项详解见表 5 - 3。

表5-3 创建索引选项详解

序号	选项	说明
1	UNIQUE	指定创建的索引为唯一索引
2	CLUSTERED | NONCLUSTERED	指定创建的是聚集索引还是非聚集索引
3	ASC | DESC	确定某个具体的索引是升序还是降序，默认是升序（ASC）
4	<索引项>	可指定填充索引的内容，如节点行数、填充因子等。此处不详细介绍，可查看联机帮助
5	DROP_EXISTING	指定是否删除先前存在的并且与创建索引同名的索引

功能：为指定的表或视图按照指定的列（索引键）、升序（ASC）、降序（DESC）创建唯一、聚集或非聚集索引。

【例5-26】 在 Library 数据库中图书表"Book"创建一个不唯一、非聚集索引"Bookindex"，索引键为"Bname"，升序排列。

创建后的效果图如5-38所示。

图5-37 删除索引

图5-38 使用 T-SQL 语句创建的
索引"Bookindex"

在 SSMS 窗口中，单击工具栏中的"新建查询"按钮，在"查询编辑器"中输入以下代码：

```
USE Library
GO
CREATE NONCLUSTERED INDEXBookindex
 ON Book(Bname ASC)
```

单击"SQL 编辑器"工具栏中的"执行"按钮，运行成功后，在"对象资源管理器"窗口中展开"数据库"→"Library"→"表"节点，刷新其中的内容，再展开"Book"节点下的"索引"节点，即可看到所创建的索引，如图 5 – 38 所示。

2. 使用 T – SQL 语句删除索引

使用 DROP INDEX 命令可以删除索引，其语法格式如下：

```
DROP INDEX 表名 . 索引名
```

【例 5 – 27】　删除表"Book"的索引"Bookindex"。代码如下：

```
USE Library
GO
DROP INDEXBook.Bookindex
```

5.6　任务 6：创建关系图

任务目标

- 理解创建关系图的目的。
- 熟练掌握创建关系图的方法。

关系图是 SQL Server 2019 提供的管理工具，可以帮助用户快速和简便地完成数据库文档化的目的，还提供了对数据库进行开发和维护的解决方案。

SQL Server 2019 中的关系是表之间的连接，用一个表中的外键引用另一个表的主键。如果强制表之间的引用完整性，则关系线在关系中以一根实线表示，如果 INSERT 和 UPDATE 事务不强制引用完整性，则以虚线表示。关系线的终点显示主键符号以表示主键到外键的关系，或者显示无穷符号以表示一对多关系的外键。

5.6.1　创建数据库关系图

【例 5 – 28】　创建教学管理系统 EDUC 数据库的关系图。

（1）在"对象资源管理器"窗口中，用鼠标右键单击 EDUC 数据库中的"数据库关系图"节点，从弹出的菜单中选择"新建数据库关系图"命令，如图 5 – 39 所示。

创建关系图

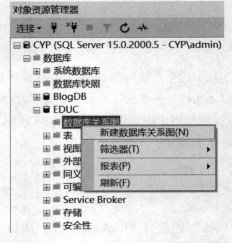

图 5 – 39　从弹出菜单中选择"新建数据库关系图"命令

（2）在出现的"添加表"对话框中选择所需的表，如图 5 – 40 所示，再单击"添加"按钮。

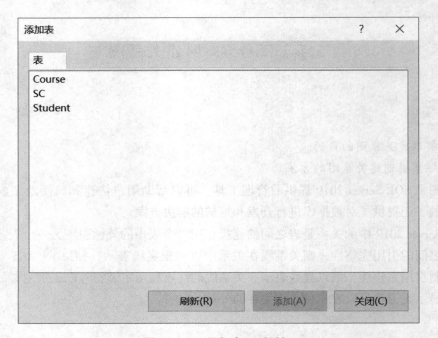

图 5 – 40　"添加表"对话框

（3）所选择的表将以图形方式显示在新建的数据库关系图中，如图 5 – 41 所示。

（4）保存该关系图。

同理，创建图书管理系统 Library 数据库的关系图，如图 5 – 42 所示。

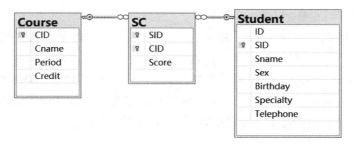

图 5 – 41　EDUC 数据库关系图

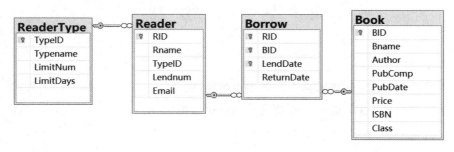

图 5 – 42　Library 数据库关系图

5.6.2　打开数据库关系图

（1）在"对象资源管理器"窗口中，展开"数据库"→具体数据库→"数据库关系图"节点。

（2）双击要打开的数据库关系图的名称或用鼠标右键单击要打开的数据库关系图的名称，在出现的菜单中选择"设计数据库关系图"命令。

（3）在数据库关系图设计器中打开该数据库关系图，即可在其中编辑数据库关系图。

5.6.3　删除数据库关系图

（1）在"对象资源管理器"窗口中，展开"数据库"→具体数据库→"数据库关系图"节点。

（2）用鼠标右键单击要删除的数据库关系图的名称，在出现的菜单中选择"删除"命令。

（3）此时将显示一条消息，提示用户确认删除，单击"是"按钮，则删除此数据库关系图。删除数据库关系图时，不会删除数据库关系图中的表。

5.6.4　显示数据库关系图的属性

（1）打开数据库关系图设计器。

（2）单击数据库关系图设计器中对象以外的任意位置，确保没有在数据库关系图设计器中选择任何对象。

（3）选择 SSMS 窗口菜单中的"视图"→"属性窗口"命令，该数据库关系图的属性随即显示在"属性"窗口中。

本章主要介绍 SQL Server 2019 表的基本知识，重点介绍了使用 SSMS 和 T – SQL 语句进行表的创建、修改和删除的方法，以及表中数据行的添加、修改和删除的方法，还介绍了创建和删除索引，创建、打开、修改和删除数据库关系图的方法。

5.7 任务训练——创建和管理表

1. 实验目的

（1）掌握使用 SSMS 创建博客系统数据表的方法。

（2）掌握使用 T – SQL 语句管理博客系统数据表的方法。

2. 实验内容

（1）完成本章实例内容。

（2）分别使用 SSMS 和 T – SQL 语句为博客系统创建数据表。

（3）分别使用 SSMS 和 T – SQL 语句查看、修改和删除数据表。

（4）分别使用 SSMS 和 T – SQL 语句向数据表中录入数据。

3. 实验步骤

（1）使用 SSMS 或 T – SQL 语句创建博客系统的 3 个表。

①用户表"Users"——存放用户的相关信息，见表 5 – 4。

表 5 – 4　用户信息

字段	字段类型	长度	可否为空	键	字段描述
UserName	varchar	20	NOTNULL	主	用户名
PassWord	char	6	NOTNULL	—	密码
Sex	char	2	NULL	—	性别
Email	varchar	20	NULL	—	邮箱
Question	varchar	50	NULL	—	问题
Answer	varchar	50	NULL	—	答案
RegTime	smalldatetime	4	NOTNULL	—	注册时间

②文章表"Article"——存放用户发表文章的相关信息，见表 5 – 5。

表 5 – 5　文章信息

字段	字段类型	长度	可否为空	键	字段描述
ArticleID	int	4	NOTNULL	主	文章编号
UserName	varchar	20	NOTNULL	—	用户名
Subject	varchar	50	NOTNULL	—	主题
［Content］	ntext	默认	NULL	—	发表内容
ShiJian	smalldatetime	4	NOTNULL	—	发表时间
Pub	char	2	NOTNULL	—	是否发表

③文章评论表"Comment"——存放评论文章的相关信息，见表 5 – 6。

表 5 – 6　文章评论信息

字段	字段类型	长度	可否为空	键	字段描述
ArticleID	int	4	NOTNULL	主	文章编号
UserName	varchar	20	NOTNULL	主	用户名
［Content］	ntext	默认	NULL	—	评论内容
ShiJian	smalldatetime	4	NOTNULL	主	评论时间

（2）设置主键和外键。

为上述 3 个表设置主键和外键。

①用户表"Users"：

PK：UserName

②文章表"Article"：

PK：ArticleID

FK：UserName

③文章评论表"Comment"：

PK：ArticleID，UserName，Shijian

FK：ArticleID，UserName

（3）创建 CHECK 约束。

为用户表"Users"的"Sex"列创建 CHECK 约束（Sex = '男'OR Sex = '女'）；

为用户表"Users"的"Email"列创建 CHECK 约束（LIKE'% @ %'）。

（4）创建索引。

（5）添加数据行。

根据实际情况，为各个表输入一些记录。

（6）创建数据库关系图。

创建博客系统表的数据库关系图，如图 5 – 43 所示。

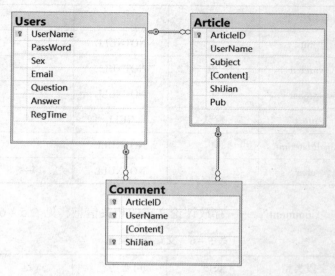

图 5 – 43　博客系统的数据库关系图

（7）利用 SSMS 或者 T – SQL 语句完成表中数据录入工作，如图 5 – 44 ~ 图 5 – 46 所示。

CYP.BlogDB - dbo.Users ⊣ ×						
UserNa...	PassWo...	Sex	Email	Question	Answer	RegTime
HaHa	111111	男	haha@1...	我的最爱?	她	2021-04-09 08:00:...
xixi	123456	女	xixi@16...	爱好是?	看书	2021-03-05 08:30:...
NULL	*NULL*	*NULL*	*NULL*	*NULL*	*NULL*	*NULL*

图 5 – 44　表 "Users" 数据行

CYP.BlogDB - dbo.Comment ⊣ ×			
ArticleID	UserNa...	Content	ShiJian
1	haha	不错的提议	2021-03-08 09:30:00
1	haha	怎么没人理我	2021-03-09 15:20:00
1	xixi	都南山去Happy吧	2021-03-09 15:28:00
2	xixi	搞管理吧	2021-05-11 12:02:00
NULL	*NULL*	*NULL*	*NULL*

图 5 – 45　表 "Comment" 数据行

CYP.BlogDB - dbo.Article ⊣ ×					
ArticleID	UserNa...	Subject	Content	ShiJian	Pub
1	xixi	十年聚会如何?	*NULL*	2021-03-08 08:10:00	是
2	haha	毕业后我能做什么?	做本专业	2021-05-10 19:21:00	是
NULL	*NULL*	*NULL*	*NULL*	*NULL*	*NULL*

图 5 – 46　表 "Article" 数据行

4. 问题讨论

表与表之间设置了外键关联后，如需要作如下操作：

（1）如果删除表，其顺序是？

（2）如果向表中录入数据，其顺序是？

思考与练习

一、填空题

1. 表由一系列行和列组成，每创建一列时，必须指定该列的_____，以限制列的长度，从而保证数据的完整性。

2. 使用 T－SQL 语句管理表的数据，插入语句是：_____，修改语句是：_____，删除语句是：_____。

3. 数据库关系图可看作数据库的_____表示，一个数据库可以有_____个数据库关系图。

4. 数据库表可分为_____和_____两种。

5. T－SQL 语句中的语句可分为数据定义语言、_____和_____3 类。

6. T－SQL 语句中的整数数据类型包括 bigint、_____、smallint、_____和 bit 共 5 种。

7. 一个 Unicode 字符串使用_____个字节存储，而普通字符采用_____个字节存储。

8. 表的关联就是_____约束。

9. 表的 CHECK 约束是_____的有效性检验规则。

10. T－SQL 语句基本表定义有_____、_____、_____、_____、_____和_____几个列级约束。

二、选择题

1. 利用 T－SQL 语句创建表时，使用（　　）命令。

A. DELETE TABLE   B. CREATE TABLE

C. ADD TABLE   D. DROP TABLE

2. 对于 DROP TABLE 命令的解释正确的是（　　）。

A. 删除表里的数据，保留表的数据结构

B. 删除表里的数据，同时删除表的数据结构

C. 保留数据，删除表的数据结构

D. 删除此表，并删除数据库里所有与此表有关联的表

3. 关系数据表的关键字可由（　　）字段组成。

A. 一个   B. 两个

C. 多个   D. 一个或多个

4. 下列关于索引的说法中正确的是（　　　）。

A. 一个表可以创建多个聚簇索引　　　　B. 索引只能建立在 1 个字段上

C. 索引可以加快表之间连接的速度　　　D. 可以使用 ADD INDEX 命令创建索引

5. 下列关于唯一约束的说法中不正确的是（　　　）。

A. 可以为表定义多个唯一约束　　　　　B. 唯一约束的列允许取空值

C. 可以建立在一列或几列的组合上　　　D. 可以作为主键使用

学习评价

评价项目	评价内容	分值	得分
逻辑设计映射成数据表	掌握逻辑设计映射成数据表的方法	10	
使用 SSMS 与 T–SQL 语句创建数据表	能使用 SSMS 与 T–SQL 语句创建数据表	30	
使用 SSMS 与 T–SQL 语句管理数据表	能使用 SSMS 与 T–SQL 语句管理数据表	40	
创建与管理数据库关系图	能创建与管理数据库关系图	10	
职业素养	勤思考、多实践	10	
合计			

第**6**章

数据查询

学习目标

● 能完成单表查询、多表查询、嵌套查询等。
● 能根据项目功能需求书写查询语句。

学习导航

　　本章介绍的数据查询，属于数据库实施阶段的内容。使用 T－SQL 的 SELECT 查询语句，可以从数据库中获取所需要的数据，为数据库应用系统的开发奠定基础。本章学习内容在数据库应用系统开发中的位置如图 6－1 所示。

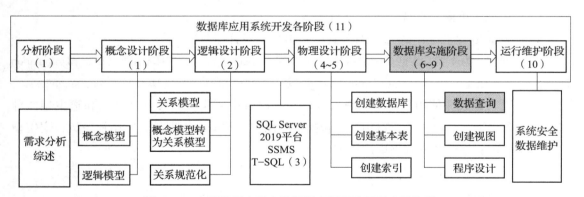

图 6－1　本章学习内容在数据库应用系统开发中的位置

6.1　任务1：认识 T – SQL 语句

- 了解 T – SQL 语句的特点和可以执行的操作。
- 掌握 T – SQL 语句的语法结构。

数据库和数据表创建好之后，重要的是对数据进行管理。可以借助 T – SQL 语句完成对数据表中数据的管理，最常用的是完成对数据表数据的查询。

6.1.1　T – SQL 语句的认识

T – SQL 语句是位于美国加利福尼亚的 IBM 公司的 San Jose Research Laboratory 在 20 世纪 70 年代后期开发出来的，通常将它翻译为结构化查询语言（Structured Query Language）。

T – SQL 是一个非标准的 SQL，它在 SQL – 92 标准的基础上进行了一定的扩充，在可编程性和灵活性方面有所增强。T – SQL 对 SQL Server 的使用非常重要，所有应用程序与 SQL Server 的通信都通过向服务器发送 T – SQL 语句来进行，是唯一能和 SQL Server 数据库系统进行交互的语言。

1. T – SQL 语句的特点

（1）类似于英语，直观、简单易学。

（2）只提出要"做什么"，"怎么做"则由数据库管理系统解决。

（3）通常分为 4 类：数据查询语言（Data Query Language）、数据操纵语言（Data Manipulation Language）、数据定义语言（Data Define Language）和数据控制语言（Data Control Language）。

（4）既可以独立使用，也可以嵌入另外一种语言中使用，即具有自含型和宿生型两种特征。自含型特征可以用于所有用户，包括终端用户、数据库管理员、应用程序员；宿生型特征用于应用程序员开发数据库应用程序。

2. T – SQL 语句可实现的操作

数据库管理员和数据库应用系统开发人员使用 T – SQL 语句可以进行以下操作：

（1）创建主键、外键、约束、规则、触发器、事务，用以实现数据的完整性。

（2）查询、更新、删除数据库中的信息；

（3）对各种数据库对象设置不同的权限，实现数据库的安全性；

（4）进行分布式数据处理，实现数据库间数据的复制、传递或执行分布式查询；

（5）可以创建批处理、存储过程、视图，方便应用程序访问数据库中的数据；

（6）实现数据仓库，从联机事务处理（OLTP）系统中提取数据，对数据汇总以进行决策支持分析；

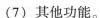

（7）其他功能。

6.1.2 T–SQL 语法约定

按照 T–SQL 语法约定，任何一条 T–SQL 语句至少需要包含一个命令，即一个表明动作含义的动词。例如 SELECT 动词请求 SQL 服务器检索出若干记录行，UPDATE 动词要求 SQL 服务器修改特定记录中的字段值。

（1）T–SQL 语句中的命令动词是一种对 SQL 服务器有特定意义的关键字，而其他关键字则只是在 T–SQL 语句中输入了其他限制条件。

例如，对于 SELECT…FROM…WHERE 语句：

①SELECT 命令请求 SQL 服务器检索出若干行记录。

②FROM 关键字用来告诉 SQL 服务器本次检索用到的表的名字。

③WHERE 关键字告诉 SQL 服务器，对 FROM 所制定的表中，对哪些记录进行操作，即条件限制。

（2）用户或者应用程序向 SQL 服务器提交 T–SQL 语句，均采用批处理的形式。

①一个批处理是指一次发送给 SQL 服务器一组语句。

②每个 SQL Server 2019 应用程序都设有一种机制，用来告诉 SQL 服务器执行一个批处理中的所有语句。

6.2 任务 2：基本的 SELECT 语句

任务目标

- 掌握 SELECT 语句的语法结构。
- 掌握使用 SELECT 语句进行投影查询的方法。
- 掌握聚集函数的应用。
- 掌握 WHERE 子句中逻辑表达式的各种运算形式和用法。

在 SQL Server 2019 数据库中，获取数据的功能是通过 SELECT 语句来实现的。利用 SELECT 语句可以在数据库中按照用户的需要进行数据检索，并将结果以表格的形式显示。

6.2.1 SELECT 语句的结构

SELECT 语句的基本语法格式如下：

```
SELECT[ALL | DISTINCT][TOPN PERCENT]表达式列表
[INTO 新表名]
FROM 基本表 | 视图列表
```

```
[WHERE 条件查询]
[GROUP BY 分组列名表]
[HAVING  逻辑表达式]
[ORDER BY 排序列名表[ASC|DESC]]
```

该语句的功能是根据需求，对一个或多个表进行查询，产生一个新表（即查询结果），新表被显示出来或者被命名后保存起来。

本章以教学管理系统 EDUC 数据库和图书管理系统 Library 数据库为例详细讲解 SELECT 语句各子句的用法，读者可以通过对本章列举的大量实例进行实践达到举一反三的效果。本章所有实例均在 SSMS 的 "查询编辑器" 中进行编辑、编译、执行和保存。

6.2.2 SELECT 子句投影查询

格式：SELECT [ALL | DISTINCT] [TOP n PERCENT] 表达式 1，表达式 2，…，表达式 n

说明：

（1）用逗号分隔的表达式列表用来描述查询结果集的列。

（2）表达式可以由列名、常量、函数和运算符构成。

（3）其他选项在实例中讲解。

1. 按照列名对表进行投影查询

**SELECT 子句
投影查询**

【例 6 – 1】 从图书管理系统 Library 数据库的读者类型表 "Reader-Type" 中查询出类型编号、类型名和限借本数 3 列的记录。代码如下：

```
USE Library
GO
SELECT TypeID,TypeName,LimitNum
FROM ReaderType
```

说明：FROM 子句指定对表 "ReaderType" 进行查询，SELECT 子句的功能是对表的列 "TypeID" "TypeName" 和 "LimitNum" 进行投影。

查询结果如图 6 – 2 所示。

2. 使用通配符 " * " 投影所有列

格式：*

说明：不需要改变列的顺序，投影表中所有列，用通配符 " * " 替代所有字段。

【例 6 – 2】 从图书管理系统 Library 数据库的读者类型表 "ReaderType" 中查询所有记录。代码如下：

```
USE Library
GO
SELECT * FROM ReaderType
```

查询结果如图 6 - 3 所示。

	TypeID	TypeName	LimitNum
1	1	教师	10
2	2	职员	5
3	3	学生	5

图 6 - 2　对表 "ReaderType" 的
投影查询结果

	TypeID	Typename	LimitNum	LimitDays
1	1	教师	10	90
2	2	职员	5	60
3	3	学生	5	35

图 6 - 3　对表 "ReaderType"
投影所有列的查询结果

3. TOP 子句限制返回行数

格式：TOP n［PERCENT］

说明：TOP 子句用于规定要返回的记录的数目。对于拥有数千条记录的大型表来说，TOP 子句是非常有用的。

【例 6 - 3】　从教学管理系统 EDUC 数据库的学生表 "Student" 中查询出前 5 条记录。代码如下：

```
USEEDUC
GO
SELECT TOP 5 SID,Sname,Sex        --返回前 5 行记录
FROM Student
GO
```

查询结果如图 6 - 4 所示。

4. PERCENT 关键字返回结果集行的百分比

格式：TOP n PERCENT

【例 6 - 4】　从教学管理系统 EDUC 数据库的学生表 "Student" 中查询出前 20% 的数据行。代码如下：

```
USEEDUC
GO
SELECT TOP20 PERCENT SID,Sname,Sex
FROM Student
GO
```

说明：执行此查询可以得到学生表 "Student" 中前 20%（$16 \times 20\% = 3.2$，取整数 4）的学生信息，这在不清楚学生总数的情况下特别有用。

查询结果如图 6 - 5 所示。

5. 是否消除重复数据行

格式：ALL | DISTINCT

说明：

	SID	Sname	Sex
1	2020051001	杨静	女
2	2020051002	夏宇	男
3	2020051003	李志梅	女
4	2020051005	方孟天	男
5	2020051006	李盼盼	女

	SID	Sname	Sex
1	2020051001	杨静	女
2	2020051002	夏宇	男
3	2020051003	李志梅	女
4	2020051005	方孟天	男

图 6－4　对表"Student"
查询的前 5 条记录

图 6－5　对学生表"Student"
查询的前 20％的数据行

（1）All：检出全部信息（默认）；

（2）Distinct：去掉查询结果中重复的数据行，即返回唯一不同的值。

【例 6－5】　从图书管理系统 Library 数据库的图书表"Book"中查询出出版社 PubComp 的名称。代码如下：

```
USE Library
GO
SELECT DISTINCT PubComp --使用关键字 DISTINCT 消除重复行
FROM Book
```

说明：对图书表"Book"的出版社"PubComp"列进行投影查询后会出现很多重复行，希望消除重复，则使用 DISTINCT 关键字。

查询结果如图 6－6 所示。

6. 使用表达式计算列值

格式：表达式 1，表达式 2，…，表达式 n

说明：在 SELECT 子句中可以使用加（＋）、减（－）、乘（＊）、除（／）、取模（％）和字符连接（＋）等运算符及各种函数构成表达式，通过对表达式的计算获取查询结果的列值。

	PubComp
1	北京大学出版社
2	高等教育出版社
3	机械工业出版社
4	清华大学出版社
5	人民邮电出版社
6	同济大学出版社
7	中国铁道出版社

图 6－6　对图书表"Book"
消除重复行的投影查询

提示： 对表达式列中的计算只影响查询结果，不会改变表中的原始数据。

【例 6－6】　从图书管理系统 Library 数据库的图书表"Book"中查询所有图书折价 80％后的价格。代码如下：

```
USE Library
GO
SELECT BID,Bname,Author,PubComp,Price,Str(Price*0.8,6,1)+'元'
FROM Book
GO
```

查询结果如图 6－7 所示，最右一列为折价 80％后的价格。

折价后的价格保留小数点后 1 位，并在其后添加单位"元"，这里使用了 Str（浮点表达式，长度，小数）函数，该函数返回由数字数据转换来的保留指定小数位数的字符数据。这里还使用了字符连接运算符（＋）连接字符常量'元'。

图 6-7　对图书表"Book"使用表达式（运算符）计算列值的查询

7. 使用单独常量作为投影表达式

【例 6-7】　从图书管理系统 Library 数据库中读者类型表"ReaderType"中查询出所有数据。代码如下：

```
USE Library
GO
SELECT TypeID,Typename,Limitnum,'本',LimitDays,'天'
FROM ReaderType
GO
```

说明：SELECT 语句中的'本'和'天'均为字符串常量。

查询结果如图 6-8 所示。

	TypeID	Typename	Limitnum	(无列名)	LimitDays	(无列名)
1	1	教师	10	本	90	天
2	2	职员	5	本	60	天
3	3	学生	5	本	35	天

图 6-8　对读者类型表"ReadType"使用表达式（常量）作为列值的查询

8. 自定义列名

格式：'指定的列标题'=列名　或者列名 AS 指定的列标题

【例 6-8】　在上例中用中文显示列名。代码如下：

```
USE Library
SELECT 类型编号 = TypeID,Typename 类型名称,LimitNum AS 限借数量,Limit-
Days AS 限借天数
FROM ReaderType
```

查询结果如图 6-9 所示。

说明：

（1）自定义列标题后，在查询结果的标题位置将显示指定的列标题，而不是表中定义的列名，指定的列标题是一个字符串，可以用单引号括起来，也可不括。

（2）关键字 AS 可省略。

（3）对于表达式计算出的列，如果没有指定列标题，则以"无列名"标识，这样的情况可以为查询结果重新指定列标题。

6.2.3 聚集函数的应用

在 SELECT 中的列明表达式处还可以使用聚集函数（也叫列函数）。包括如下：

（1）求和：SUM；

（2）平均：AVG；

（3）最大：MAX；

（4）最小：MIN；

（5）统计：COUNT。

聚集函数的应用

格式：函数名（［ALL | DISTINCT］列名表达式 | *）

请看以下应用了聚集函数的实例。

【例6-9】 从教学管理系统 EDUC 数据库的学生表"Student"中统计出男同学的人数。

```
USE EDUC
GO
SELECT COUNT( * )AS 人数              -- 统计出满足条件的行数
  FROM Student
  WHERE Sex = '男'
  GO
```

查询结果如图6-10所示。

	类型编号	类型名称	限借数量	限借天数
1	1	教师	10	90
2	2	职员	5	60
3	3	学生	5	35

图6-9 对读者类型表"ReaderType"
进行自定义列标题的查询

图6-10 COUNT( )函数的应用

【例6-10】 从教学管理系统 EDUC 数据库的学生表"Student"中统计专业个数。代码如下：

```
USE EDUC
GO
SELECT COUNT(DISTINCT (Specialty))AS 专业个数
FROM Student
GO
```

注意：DISTINCT 关键字可以消除重复行，即每个专业只计算1次。

查询结果如图6-11所示。

【**例 6 – 11**】　从图书管理系统 Library 数据库的图书表"Book"中查询出中图书的总册数、最高价、最低价、总价值折扣后的总价和平均价。代码如下：

```
USE Library
GO
SELECT COUNT(Price)AS 册数,
MAX(Price)AS 最高价,MIN(Price)AS 最低价,
SUM(Price)AS 总价值,STR(SUM(Price * 0.7),8,2)AS 折后总价值,
STR(AVG(Price),6,2)AS 平均价
FROM Book
GO
```

查询结果如图 6 – 12 所示。

	专业个数
1	6

图 6 – 11　函数的混合使用

	册数	最高价	最低价	总价值	折后总价值	平均价
1	10	78.00	22.00	325.00	227.50	32.50

图 6 – 12　对图书表"Book"进行聚集函数统计查询

6.2.4　WHERE 子句

WHERE 子句用于选择操作，实现有条件的查询运算。在 WHERE 子句后面定义了查询必须满足的条件，只有符合条件的行才会出现在结果集中。此外，WHERE 子句还用在 DELETE 和 UPDATE 语句中以限定要删除或修改的行。

格式：WHERE 逻辑表达式

说明：当数据行的数据使 WHERE 子句的逻辑表达式为真时，该数据行就会出现在结果集中。

下面通过实例介绍逻辑表达式的各种运算形式和用法。

1. 关系运算符

在 WHERE 子句中，可以用各种关系运算符与列名构成关系表达式，

WHERE 子句

用关系表达式描述一些简单的条件，从而实现选择查询。主要的关系运算符有 =（等于）、< >（不等于）、>（大于）、<（小于）、> =（大于等于）、< =（小于等于）。

【**例 6 – 12**】　从学生表"Student"中查询出到 2021 年满 20 岁的学生的信息，假设系统日期为 2021 年。代码如下：

```
USE EDUC
GO
SELECT SID,Sname,Birthday FROM Student
WHERE DatePart(Year,GetDate()) – DatePart(Year,Birthday) >20
GO
```

查询结果如图 6 – 13 所示。

说明：

（1）getdate（ ）函数生成 SQL Server 内部格式表示的当前日期和时间。

（2）datepart（指定部分，日期时间类型）函数以整数或 ASCII 字符串形式生成日期时间类型值的指定部分（例如年、季度、天或小时）。

（3）关系表达式"datepart（Year，GetDate（ ））– datepart（Year，Birthday）> 20"描述了学生生日到 2021 年满 20 岁的查询条件。

2. 逻辑运算符

在 WHERE 子句中，还可以用逻辑运算符把各个查询条件连接起来，从而实现比较复杂的选择查询。主要的逻辑运算符有：NOT（非）、AND（与）、OR（或）。

【例 6 – 13】 从学生表"Student"中查询出到 2021 年满 20 岁的男生的信息，假设系统日期为 2021 年。代码如下：

```
USE EDUC
GO
SELECT SID,Sname,Birthday FROM Student
WHERE DatePart(Year,GetDate())- DatePart(Year,Birthday)> 20 AND
Sex ='男'
GO
```

查询结果如图 6 – 14 所示。

	SID	Sname	Birthday
1	2020051002	夏宇	2000-04-27
2	2020051005	方孟天	2000-10-06
3	2020051231	吕珊珊	2000-10-27
4	2020051302	王欢	2000-08-26

图 6 – 13 对学生表"Student"
进行关系选择查询

结果 消息

	SID	Sname	Birthday
1	2020051002	夏宇	2000-04-27
2	2020051005	方孟天	2000-10-06
3	2020051302	王欢	2000-08-26

图 6 – 14 对表"Student"
进行逻辑选择查询

说明：逻辑表达式"DatePart(Year，GetDate())– DatePart(Year，Birthday)> 20 and Sex = '男'"描述了学生表"Student"中到 2021 年满 20 岁的男生的查询条件。

3. 范围运算符

格式：列名［NOT］BETWEEN 开始值 AND 结束值

说明：

（1）指定列名是否在开始值和结束值之间；

（2）BETWEEN 开始值 AND 结束值：等价于"列名 >= 开始值 AND 列名 <= 结束值"；

（3）NOTBETWEEN 开始值 AND 结束值：等价于"列名 < 开始值 OR 列名 >结束值"。

注意：操作符 BETWEEN...AND 会选取介于两个值之间的数据范围。这些值可以是数值、文本或者日期。

【例 6 – 14】 从图书表 "Book" 中查询出定价在 20 元到 25 元之间的图书信息。代码
如下：

```
USE Library
GO
SELECT BID AS 图书编号,Bname 书名,Price AS 定价
FROM Book
WHERE Price BETWEEN 20 AND 25
GO
```

查询结果如图 6 – 15 所示。

说明：此例中，逻辑表达式 "Price BETWEEN 20 AND 25" 等价于 "Price >= 20 AND
Price <=25"。

4. 模式匹配运算符

语法：[NOT]   LIKE 通配符

说明：

（1） 通配符 _ ：一个任意字符；

（2） 通配符% ：任意多个任意字符；

（3） 模式匹配运算符 LIKE 用于实现对表的模糊查询。

【例 6 – 15】 从教学管理系统 EDUC 数据库的课程表 "Course" 中查询出带 "设" 字的
课程。代码如下：

```
USEEDUC
GO
SELECT * FROM Course
WHERE Cname   LIKE'%设%'
GO
```

查询结果如图 6 – 16 所示。

	图书编号	书名	定价
1	TP311-011	Java信息系统设计与开发实例	22.00
2	TP392-01	数据库系统概论	25.00
3	TP392-03	SQL Server 2005应用教程	25.00
4	TP945-08	计算机组装与维护	24.00

	CID	Cname	Period	Credit
1	16020010	C语言程序设计	90	5.0
2	16020012	网页设计	60	3.0
3	16020018	面向对象程序设计	100	5.0
4	16020020	Java语言程序设计	80	4.0

图 6 – 15 对图书表 "Book"   图 6 – 16 对课程表 "Course"
进行范围选择查询   进行模式匹配模糊查询

5. 列表运算符

语法：表达式 [NOT] IN （列表 | 子查询）

说明：表达式的值（不在）在列表所列出的值中，子查询的应用将在 6.3 节介绍。

【例6－16】 查询学号为2020051001和2020051002的学生的信息。代码如下：

```
USE EDUC
GO
SELECT * FROM Student
WHERE SID IN('2020051002','2020051001')
```

查询结果如图6－17所示。

	ID	SID	Sname	Sex	Birthday	Specialty	Telephone
1	1	2020051001	杨静	女	2001-05-05	计算机应用技术	13224089416
2	2	2020051002	夏宇	男	2000-04-27	计算机应用技术	13567895214

图6－17 对学生表"Student"进行列表运算的选择查询

说明：此例中"SID IN（'2020051002'，'2020051001'）"等价于"SID＝'2020051001' OR SID＝'2020051002'"。

6. 空值判断符

格式：IS［NOT］NULL

说明：在数据库的表中，除了必须具有值的列不允许为空外，许多列可以没有输入值，则该列的值为空。

【例6－17】 查询还书的读者信息。代码如下：

```
USE Library
GO
SELECT Borrow.RID,Rname,BID,ReturnDate
FROM Borrow,Reader
WHERE Borrow.RID＝Reader.RID AND ReturnDate IS NOT NULL
GO
```

查询结果如图6－18所示。

	RID	Rname	BID	ReturnDate
1	2009055002	程伟	TP945-08	2021-03-22 14:34:30.000

图6－18 对表"Borrow"的"ReturnDate"列进行空值判断查询

说明：在此例的逻辑表达式中，"ReturnDate IS NOT NULL"实现了还书时间不为空的判断，表明该读者已还书，符合查询条件。

6.3　任务 3：单表查询

任务目标

- 掌握 SELECT 语句的 GROUP BY 子句的用法。
- 掌握 SELECT 语句的 HAVING 子句的用法。
- 掌握 SELECT 语句的 ORDER BY 子句的用法。

单表查询指的是在一个数据源表中查找所需要的数据。因此，单表查询时，FROM 子句中只需要给出一个数据源表。

6.3.1　GROUP BY 子句

前面例子中的列函数是对整个表中的行进行计算统计。如果要根据某列的值进行分组统计与汇总就需要使用 GROUP BY 子句。

格式：GROUP BY 列名

功能：与列名或列函数配合实现分组统计。

注意：投影列名必须出现相应的"GROUP BY 列名"。下面通过实例学习 GROUP BY 子句。

单表查询

【例 6 - 18】　从图书表中查询各出版社图书的最高价格。代码如下：

```
USE Library
GO
SELECT'出版社'=PubComp,'最高价格'=MAX(Price)
FROM Book
GROUP BY PubComp
GO
```

查询结果如图 6 - 19 所示。

【例 6 - 19】　从选课表中查询每位学生的总成绩，要求查询结果显示学生学号（SID）、姓名（Sname）和总成绩。代码如下：

```
USE EDUC
GO
SELECT 学号=SC.SID,Student.Sname AS 姓名,'总成绩'=SUM(Score)
FROM SC INNER JOIN Student ON SC.SID=Student.SID
GROUP BY SC.SID,Student.Sname
GO
```

查询结果如图 6 – 20 所示。

图 6 – 19 从表 "Book" 中统计
各出版社图书的总价

图 6 – 20 连接表 "SC" 和表 "Student"
并按学号分组统计总成绩

在 GROUP BY 子句中，根据 SC. SID 进行分组，由于 Student. Sname 是投影列，所以必须写在 GROUP BY 子句列名表中。

6.3.2 HAVING 子句

格式：HAVING 逻辑表达式

功能：与 GROUP BY 选项配合筛选（选择）统计结果。

说明：通常以列函数作为条件，列函数不能放在 WHERE 中。

【例 6 – 20】 从选课表中查询总分超过 150 分的学生的学号、姓名和总成绩。代码如下：

```
USE EDUC
GO
SELECT 学号 = SC.SID,Student.Sname AS 姓名,'总成绩' = SUM(Score)
FROM SC INNER JOIN Student ON SC.SID = Student.SID
GROUP BY SC.SID,Student.Sname
HAVING SUM(SCore)>150
GO
```

查询结果如图 6 – 21 所示。

此例中 "HAVING SUM(Score) > 150" 子句对统计出的每位学生的成绩按照大于 150 分的条件 "SUM(Score) > 150" 进行筛选。如果想使用 "WHERE SUM(Score) > 150" 来进行选择，这将是完全错误的，因为列函数 SUM(Score) 不能放在 WHERE 子句的逻辑表达式中。

6.3.3 ORDER BY 子句

格式：ORDER BY 列名表达式表 ASC｜DESC

功能：按列名表升序（ASC）或降序（DESC）排序。

说明：

（1）ORDER BY 只能在外查询中使用。

（2）如果 ORDER BY 子句后不是一个列名表达式，而是一个列名表达式表，则系统将根据各列的次序决定排序的优先级后再排序。

（3）如果指定了 SELECT DISTINCT（去掉重复行），那么 ORDER BY 子句中的项就必须出现在 SELECT 子句的列表中。

【例 6 – 21】 从选课表"SC"和学生表"Student"中统计出每位同学的总成绩，并将结果按照总成绩降序排序。代码如下：

```
USE EDUC
GO
SELECT 学号 = SC.SID,Student.Sname AS 姓名,'总成绩' = SUM(Score)
FROM SC INNER JOIN Student ON SC.SID = Student.SID
GROUP BY SC.SID,Student.Sname
HAVING SUM(SCore)>150
ORDER BY SUM(Score)DESC
GO
```

查询结果如图 6 – 22 所示。

	学号	姓名	总成绩
1	2020051001	杨静	176.0
2	2020051002	夏宇	250.0
3	2020051003	李志梅	179.0

	学号	姓名	总成绩
1	2020051002	夏宇	250.0
2	2020051003	李志梅	179.0
3	2020051001	杨静	176.0

图 6 – 21 对表"SC"和表"Student"
统计的总成绩进行限定筛选

图 6 – 22 对表"SC"和表"Student"
按学号分组统计总成绩并排序

【例 6 – 22】 从图书表"Book"中查询图书信息，并按照出版社名称降序和价格升序排列。代码如下：

```
USE Library
GO
SELECT '出版社' = PubComp,'最高价格' = MAX(Price)
FROM Book
GROUP BY PubComp
ORDER BY PubComp DESC,MAX(Price)ASC        --先按出版社降序排列,再按价格
                                             升序排列。
GO
```

查询结果如图 6 – 23 所示。

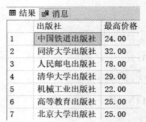

图 6-23　对图书表"Book"按照出版社名称升序和价格降序排列

6.4 任务4：多表查询

任务目标

- 掌握 SELECT 语句中使用谓词连接的方式进行多表查询。
- 掌握 SELECT 语句中使用 JOIN 关键字指定连接进行多表查询。
- 掌握交叉连接的方法。

在 SQL Server 2019 中，可以使用两种语法形式：一种是 FROM 子句，连接条件写在 WHERE 子句的逻辑表达式中，从而实现表的连接，也称为谓词连接，这是早期 SQL Server 的语法形式；另一种是 ANSI 连接语法形式，在 FROM 子句中使用 JOIN…ON 关键字，连接条件写在 ON 之后，从而实现表的连接。SQL Server 2019 推荐使用 ANSI 形式连接。

6.4.1 谓词连接

在 SELECT 语句的 WHERE 子句中使用比较运算符给出粗连接条件对表进行连接的表示形式，称为谓词连接。谓词连接是最常用的连接方式，利用谓词连接可满足大部分的查询需求。

格式：FROM 基本表名1 | 视图1，基本表名2 | 视图2，…，基本表名 n | 视图 n

功能：指定要查询的基本表或视图，如果指定了一个以上的基本表或视图，则计算它们之间的笛卡儿积，与 WHERE 子句等值条件配合实现连接查询。

谓词连接

1. 指定基本表

【例 6-23】 从教学管理系统 EDUC 数据库中查询出学生的学号、姓名、所选课程名和成绩信息。代码如下：

```
USE EDUC
GO
SELECT Student.SID,Sname,Cname,Score        --投影3个表的列
FROM Student,SC,Course                       --3个表进行笛卡儿积运算
WHERE Student.SID = SC.SID AND SC.CID = Course.CID
                                             --等值连接条件
```

GO

查询结果如图 6-24 所示。

说明：

（1）FROM 子句中基本表的前后顺序不影响查询结果。

（2）在 WHERE 子句描述等值条件的逻辑表达式中，列名要用基本表名来标识，如 "Student. SID = SC. SID"，表示选择条件是学生表 "Student" 的学号 "SID" 列等于选课表 "SC" 的学号 "SID" 列。

（3）对于 SELECT 子句投影的列，在列名不

	SID	Sname	Cname	Score
1	2020051001	杨静	C语言程序设计	96.0
2	2020051001	杨静	平面制作	80.0
3	2020051002	夏宇	网页设计	78.0
4	2020051002	夏宇	数据结构	87.0
5	2020051002	夏宇	数据库应用技术	85.0
6	2020051003	李志梅	数据库应用技术	89.0
7	2020051003	李志梅	专业英语	90.0
8	2020051202	王丽	C语言程序设计	67.0

图 6-24　对表 "Student" "SC" 和 "Course" 进行连接查询

会混淆的情况下可以不加所属表来标识，但是如果在所属表中存在同名列，则必须用表名来标识，否则执行查询时会出错，并在消息页中显示 "列名'XX'不明确"。

2. 为基本表指定临时别名

格式：基本表名［AS］别名

功能：简化表名，实现自连接。

【例 6-24】　同上例，为基本表 "Student" "Course" "SC" 指定别名为 X、Y 和 Z。代码如下：

```
USE EDUC
GO
SELECT X.SID,Sname,Cname,Score
FROM Student AS X,SC AS Y,Course AS Z
WHERE X.SID = Y.SID AND Y.CID = Z.CID
GO
```

6.4.2　以 JOIN 关键字指定的连接

格式：SELECT 列名列表
　　　FROM ｛表名 1［连接类型］JOIN 表名 2 ON 连接条件｝
　　　WHERE 逻辑表达式

说明：

（1）FROM…JOIN…ON 实现表与表的两两连接，表 1 和表 2 连接后还可以连接表3、……、表 n，最多可连接 64 个表或视图。

（2）连接条件放在 ON 关键字后，其中的连接类型如下：

①INNER JOIN：内连接；

JOIN 连接

②LEFT［OUTER］JOIN：左外连接；

③RIGHT［OUTER］JOIN：右外连接；

④CROSS JOIN：交叉连接。

下面分别介绍各种类型的连接。

1. 内连接

格式：FROM 表名 1 INNER JOIN 表名 2 ON 连接表达式

内连接在等值连接的基础上作自然连接是比较有意义的一种形式。

【例 6-25】 查询学生选修课程的成绩，并显示学号、姓名、课程号、课程名与成绩。

代码如下：

```
USE EDUC
GO
SELECT  Student.SID,Sname,Course.CID,Cname,Score
FROM Student
INNER JOIN SC ON Student.SID = SC.SID
INNER JOIN Course ON SC.CID = Course.CID
```

查询结果如图 6-25 所示。

	SID	Sname	CID	Cname	Score
1	2020051001	杨静	16020010	C语言程序设计	96.0
2	2020051001	杨静	16020011	平面制作	80.0
3	2020051002	夏宇	16020012	网页设计	78.0
4	2020051002	夏宇	16020013	数据结构	87.0
5	2020051002	夏宇	16020014	数据库应用技术	85.0
6	2020051003	李志梅	16020014	数据库应用技术	89.0
7	2020051003	李志梅	16020015	专业英语	90.0
8	2020051202	王丽	16020010	C语言程序设计	67.0

图 6-25　EDUC 数据库 3 张表的自然连接

【例 6-26】 查询读者的借阅信息。代码如下：

```
USE Library
GO
SELECT  Reader.RID, Reader.Rname, Readertype.Typename, Bname, Lend-
Date,ReturnDate
FROM Reader
INNER JOIN Borrow ON Reader.RID = Borrow.RID
INNER JOIN Readertype ON Reader.TypeID = Readertype.TypeID
INNER JOIN Book ON Borrow.BID = Book.BID
GO
```

查询结果如图 6 – 26 所示。

	RID	Rname	Typename	Bname	LendDate	ReturnDate
1	2021051001	杨静	教师	Java信息系统设计与开发实例	2021-03-30 13:46:37.000	NULL
2	2021051001	杨静	教师	Java信息管理系统开发	2021-04-06 13:40:56.000	NULL
3	2021051002	夏宇	学生	Java信息系统设计与开发实例	2021-02-15 13:42:16.000	NULL
4	2021051002	夏宇	学生	SQL Server 2005应用教程	2021-04-09 13:46:00.000	NULL
5	2021055002	程伟	学生	计算机组装与维护	2021-01-28 13:43:26.000	2021-03-22 14:34:30.000
6	2021055003	郝静	学生	SQL Server 2005应用教程	2021-03-30 13:41:33.000	NULL
7	2021055003	郝静	学生	计算机组装与维护	2021-02-18 13:43:51.000	NULL

图 6 – 26　Library 数据库 4 张表的自然连接

2. 外连接

外连接返回 FROM 子句中指定的至少一个表或视图中的所有行，只要这些行符合任何 WHERE 选择或者 HAVING 限定条件。

外连接又分为左外连接、右外连接和全外连接。

左外连接对连接中左边的表不加限制；右外连接对连接中右边的表不加限制；全外连接对两个表都不加限制，两个表中的所有行都会包含在结果集中。

1）左外连接

格式：FROM 表名 1 LEFT OUTER　JOIN 表名 2 ON 连接表达式

连接结果保留表 1 中没形成连接的行，表 2 中相应的各列为 NULL。OUTER 可省略。

【例 6 – 27】　左外连接：从表"Book"和"Borrow"中查询图书的借阅情况，包括没有被借阅的图书。代码如下：

```
USE Library
GO
SELECT Book.BID,Bname,Author,Borrow.RID,Borrow.BID
FROM Book LEFT JOIN Borrow
ON Borrow.BID = Book.BID
GO
```

查询结果如图 6 – 27 所示。图中 RID 与 BID 为空说明该图书没有被借阅。

观察结果可知，保留了表"Reader"中不满足等值条件的第 1、7、8 和 12 行，表"Borrow"中相应各列为空。

2）右外连接

格式：FROM 表名 1 RIGHT OUTER　JOIN 表名 2 ON 连接表达式

连接结果保留表 2 中没形成连接的行，表 1 中相应的各列为 NULL。OUTER 可省略。

【例 6 – 28】　右外连接：从表"Reader"和表"Borrow"中查询出读者的借阅情况，包括没有借书的读者的情况。代码如下：

	BID	Bname	Author	RID	BID
1	G448-01	教育心理学	斯莱文	NULL	NULL
2	G455-01	大学生创新能力开发与应用	何静	NULL	NULL
3	TP311-011	Java信息系统设计与开发实例	黄明	2021051001	TP311-011
4	TP311-011	Java信息系统设计与开发实例	黄明	2021051002	TP311-011
5	TP311-012	Java信息管理系统开发	求是科技	2021051001	TP311-012
6	TP311-051	软件工程	张海藩	NULL	NULL
7	TP311-052	软件工程案例开发与实践	刘竹林	NULL	NULL
8	TP392-01	数据库系统概论	萨师煊	NULL	NULL
9	TP392-02	数据库应用技术（SQL Server 2005）	周慧	NULL	NULL
10	TP392-03	SQL Server 2005应用教程	梁庆枫	2021051002	TP392-03
11	TP392-03	SQL Server 2005应用教程	梁庆枫	2021055003	TP392-03
12	TP945-08	计算机组装与维护	孙中胜	2021055002	TP945-08
13	TP945-08	计算机组装与维护	孙中胜	2021055003	TP945-08

图 6 - 27　对表"Book"和表"Borrow"进行左外连接

```
USE Library
GO
SELECT Reader. * ,Borrow.RID,BID
FROM Borrow RIGHT JOIN Reader
ON Reader.RID = Borrow.RID
GO
```

查询结果如图 6 – 28 所示。图中 RID 与 BID 为空说明该读者没有借书。

	RID	Rname	TypeID	Lendnum	Email	RID	BID
1	2021030002	李茜	2	0	liqian@126.com	NULL	NULL
2	2021050001	陈艳平	1	0	cyp@163.com	NULL	NULL
3	2021051001	杨静	1	2	yangjing@sina.com	2021051001	TP311-011
4	2021051001	杨静	1	2	yangjing@sina.com	2021051001	TP311-012
5	2021051002	夏宇	3	2	xiayu@hotmail	2021051002	TP311-011
6	2021051002	夏宇	3	2	xiayu@hotmail	2021051002	TP392-03
7	2021051003	李志梅	3	0	lzm@msn.com	NULL	NULL
8	2021055001	王丽	3	0	wl@sina.com	NULL	NULL
9	2021055002	程伟	3	0	cw@163.com	2021055002	TP945-08
10	2021055003	郝静	3	2	hj@msn.com	2021055003	TP392-03
11	2021055003	郝静	3	2	hj@msn.com	2021055003	TP945-08
12	2021055004	张峰	3	0	zhangfeng@163.com	NULL	NULL
13	2021056001	吕珊珊	3	0	NULL	NULL	NULL

图 6 - 28　对表"Borrow"和表"Reader"进行右外连接

3）全外连接

格式：FROM 表名 1 FULL OUTER　JOIN 表名 2 ON 连接表达式

加入表 1 没形成连接的元组，表 2 列为 NULL；加入表 2 没形成连接的元组，表 1 列为 NULL。

【例 6 – 29】　对表"Borrow"和表"Reader"进行全外连接。代码如下：

```
USE Library
GO
SELECT Reader. * ,Borrow.RID,Borrow.BID
FROM Borrow   FULL OUTER JOIN Reader
ON Reader.RID = Borrow.RID
GO
```

查询结果与例 6－28 一样，因为表"Borrow"中读者的编号均在表"Reader"中存在，都能形成连接。

3. 自连接

表可以通过自连接实现自身的连接运算。

自连接可以看作一张表的两个副本之间的联系。

在自连接中，必须为表指定两个不同的别名，使之在逻辑上成为两张表。

【例 6－30】 自连接：从 EDUC 数据库中的选课表"SC"中查询出至少被两个学生选修的课程号。代码如下：

```
USE EDUC
GO
SELECT DISTINCT   x.CID
FROM SC x,SC y
WHERE x.CID = y.CID AND x.SID < > y.SID
GO
```

查询结果如图 6－29 所示，说明有两门课程至少被两个学生选修。

6.4.3 INTO 子句保存查询

格式：INTO 新表名

说明：INTO 子句是将查询结果保存下来，以便后期使用，即为指定使用结果集创建新表。通常用此种方式创建表的副本。

【例 6－31】 查询借阅计算机类图书的读者编号。代码如下：

```
USE Library
GO
SELECT *
INTO Book_Test
FROM Book
WHERE   Class = '计算机类'
```

查询结果如图 6－30 所示。刷新后，数据库 Library 节点下新增表"Book_Test"。

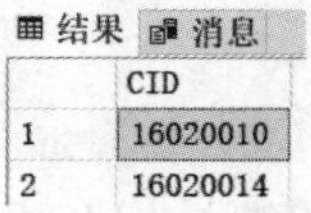

图 6 – 29   对表 "SC"
进行自连接查询

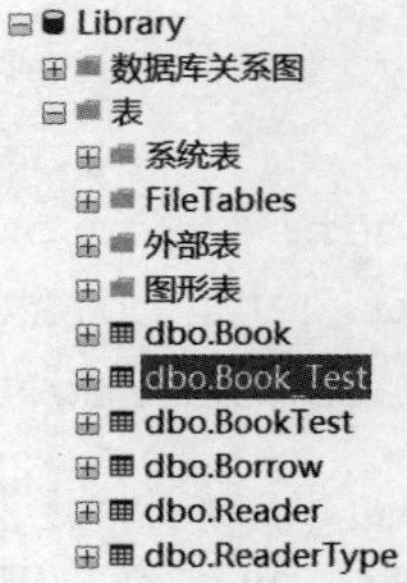

图 6 – 30   "Book" 表的查询
结果被保存为新表 "Book_Test"

6.5 任务 5：嵌套查询

任务目标

● 掌握嵌套查询的语法结构。

● 掌握在嵌套查询中使用 IN、ALL、ANY、SOME 关键字。

嵌套查询指在一个 SELECT 查询语句的 WHERE 子句中包含另一个 SELECT 查询语句，或者将一个 SELECT 查询语句嵌入另一个语句，成为其中的一部分。外层 SELECT 查询语句称为主查询，WHERE 子句中的 SELECT 查询语句称为子查询。

6.5.1 使用 IN 关键字

格式：列名［NOT］IN（常量表）|（子查询）

说明：

（1）列值被包含或不(NOT)被包含在集合中。

（2）等价：列名 = ANY(子查询)。

（3）当没有用 EXISTS 引入子查询时，在子查询的选择列表中只能指定一个表达式。

嵌套查询

【例 6 – 32】   查询借阅人民邮电出版社出版的图书的读者编号。代码如下：

```
USE Library
GO
SELECT RID
FROM Borrow
WHERE BID IN
    (SELECT BID   FROM Book
    WHERE PubComp = '人民邮电出版社')
GO
```

查询结果如图 6 - 31 所示。也可加 DISTINCT，去掉重复读者编号（借阅的图书都是人民邮电出版社出版的）。

【例 6 - 33】 查询没有借过书的读者信息。代码如下：

```
USE Library
GO
SELECT Reader. * ,TypeName
FROM Reader INNER JOIN ReaderType ON Reader.TypeID = ReaderType.TypeID
WHERE RID NOT IN
      (SELECT DISTINCT RID    FROM Borrow)
GO
```

查询结果如图 6 - 32 所示。将子查询与内连接联合起来作查询。

	RID	Rname	TypeID	Lendnum	Email	Typename
1	2021030002	李茜	2	0	liqian@126.com	职员
2	2021050001	陈艳平	1	0	cyp@163.com	教师
3	2021051003	李志梅	3	0	lzm@msn.com	学生
4	2021055001	王丽	3	0	wl@sina.com	学生
5	2021055004	张峰	3	0	zhangfeng@163.com	学生
6	2021056001	吕珊珊	3	0	NULL	学生

	RID
1	2021051001

图 6 - 31　IN 子查询　　　　　　　　图 6 - 32　NOT IN 子查询

6.5.2　使用比较运算符

格式：列名比较符 ALL（子查询）

说明：子查询中的每个值都满足比较条件。

【例 6 - 34】 查询表"SC"中分数最高学生的课程情况。代码如下：

```
USE EDUC
GO
SELECT *
FROM SC
WHERE Score >= ALL(SELECT Score FROM SC)
GO
```

查询结果如图 6 - 33 所示。

此例中，WHERE 子句中的逻辑表达式"Score >= All（SELECT Score FROM SC）"也可以描述为"Score = （SELECT MAX（Score）FROM SC）"，因为这里子查询的结果只有最高成绩的记录情况。

	SID	CID	Score
1	2020051001	16020010	96.0

图 6 - 33　ALL 比较子查询

6.5.3 使用 ANY 或 SOME 操作符

格式：列名比较符 ANY | SOME（子查询）

说明：

（1）子查询中的任何一个值满足比较条件，表达式即为真。

（2）比较运算符为"="时，"列名 = ANY（子查询）"和"列名 IN（子查询）"所描述的条件是一致的。

（3）ANY 和 SOME 的用法相同。

【例 6 – 35】 查询选修 C 语言程序设计课程的学生。代码如下：

```
USE EDUC
GO
SELECT Sname,Score
FROM Student AS x   INNER JOIN SC AS y ON x.SID = y.SID
WHERE CID = ANY(SELECT CID FROM Course   WHERE Cname = 'C 语言程序设计')
GO
```

查询结果如图 6 – 34 所示。

子查询"（SELECT CID FROM Course WHERE Cname = 'C 语言程序设计'）"的结果集是 C 语言程序设计课程的所有课程号，当学生选课的课程号等于子查询集合元素中的任何一个时，说明该学生选修了这门课程。

图 6 – 34　ANY 比较子查询

6.5.4 使用 EXISTS 操作符

格式：[NOT] EXISTS（子查询）

说明：

（1）EXISTS 表示存在量词，当查询的结果不为空时，返回真。

（2）NOT EXISTS 与 EXISTS 相反。

（3）在 EXISTS 引入子查询时，在子查询的选择列表中可以指定多个表达式。

【例 6 – 36】 查询选修至少一门课的学生情况。代码如下：

```
USE EDUC
GO
SELECT *
FROM Student
WHERE EXISTS(SELECT * FROM SC WHERE Student.SID = SC.SID)
GO
```

查询结果如图 6 – 35 所示。

注意：此例中子查询中的 WHERE 子句后的"Student. SID = SC. SID"并不是等值连接条件，而是子查询中的选择条件，判断外查询的 Student. SID 与内查询的 SC. SID 是否相等。在子查询的 SELECT 子句中用"＊"来通配所有的列，因为不论这里投影哪些列都与子查询结果集是否为空无关。

【例 6 –37】　用 EXISTS 子查询对借阅了人民邮电出版社出版的图书的读者编号进行查询并显示姓名。代码如下：

```
USE Library
GO
SELECT  Reader.RID,Rname
FROM Borrow INNER JOIN Reader ON Borrow.RID = Reader.RID
WHERE EXISTS
(SELECT * FROM Book
WHERE Borrow.BID = Book.BID AND PubComp ='人民邮电出版社')
GO
```

查询结果如图 6 – 36 所示。

	ID	SID	Sname	Sex	Birthday	Specialty	Telephone
1	1	2020051001	杨静	女	2001-05-05	计算机应用技术	13224089416
2	2	2020051002	夏宇	男	2000-04-27	计算机应用技术	13567895214
3	3	2020051003	李志梅	女	2002-08-18	计算机应用技术	18656253256
4	8	2020051202	王丽	女	2001-07-05	云计算技术应用	13659875234

图 6 – 35　EXISTS 子查询

	RID	Rname
1	2021051001	杨静

图 6 – 36　EXISTS 子查询

6.6　UNION 操作符

6.6.1　UNION 操作符

格式：SELECT_1 UNION［ALL］
SELECT_2 {UNION［ALL］SELECT_3}
说明：
（1）UNION 操作符用于合并两个或多个 SELECT 语句的结果集。
（2）UNION 内部的 SELECT 语句必须拥有相同数量的列。列也必须拥有相似的数据类型。同时，每条 SELECT 语句中的列的顺序必须相同。

UNION 操作符

（3）UNION 操作符默认选取不同的值。如果允许重复的值，则使用 UNION ALL。

（4）UNION 结果集中的列名总是等于 UNION 中第一个 SELECT 语句中的列名。

【例 6-38】 从教学管理系统 EDUC 数据库的学生表 "Student" 中，显示 "软件技术" 专业与 "大数据技术" 专业的学生的姓名与专业。代码如下：

```
USE EDUC
GO
SELECT Sname,Specialty
FROM Student
WHERE Specialty ='软件技术'
UNION
SELECT Sname,Specialty
FROM Student
WHERE Specialty ='大数据技术'
```

查询结果如图 6-37 所示。

提醒：UNION ALL 包括重复行，针对该例，如果存在专业不同、姓名相同的学生，UNION ALL 就可以发挥作用，读者可自行上机调试。

上述查询语句可以用以下语句完成：

```
USE EDUC
GO
SELECT Sname,Specialty
FROM Student
WHERE Specialty ='软件技术'OR Specialty ='大数据技术'
```

6.6.2 联合查询结果排序

【例 6-39】 从教学管理系统 EDUC 数据库的学生表 "Student" 中，显示 "软件技术" 专业与 "大数据技术" 专业的学生的姓名与专业，并按照姓名降序排列。代码如下：

```
USE EDUC
GO
SELECT Sname,Specialty
FROM Student
WHERE Specialty ='软件技术'
UNION
SELECT Sname,Specialty
```

```
FROM Student
WHERE Specialty = '大数据技术'
ORDER BY Sname DESC
```

查询结果如图 6 - 38 所示。

	Sname	Specialty
1	程伟	软件技术
2	方孟天	软件技术
3	郝静	软件技术
4	李盼盼	软件技术
5	吕珊珊	大数据技术
6	赵本伟	大数据技术

图 6 - 37　UNION 联合查询

	Sname	Specialty
1	赵本伟	大数据技术
2	吕珊珊	大数据技术
3	李盼盼	软件技术
4	郝静	软件技术
5	方孟天	软件技术
6	程伟	软件技术

图 6 - 38　联合查询结果排序

本章重点介绍了基本的 SELECT 语句、单表查询、多表查询、嵌套查询。对数据的查询，应由浅入深地学习，以达到举一反三的效果。读者可通过对实例的理解，进一步提高数据查询的能力。

6.6　任务训练——数据查询

1. 实验目的

（1）熟悉查询窗口环境。
（2）掌握基本的 SELECT 查询语句及其相关子句的用法。
（3）掌握复杂的 SELECT 查询语句及其相关子句的用法。

2. 实验内容

（1）完成本章实例内容。
（2）进行单表简单查询。
（3）进行多表复杂查询。

3. 实验步骤

启动 SSMS，在"查询编辑器"中编辑、分析和执行 T - SQL 的 SELECT 查询语句。

（1）在 BlogDB 数据库中，统计已发表评论的用户人数。代码如下：

```
USE BlogDB
GO
SELECT DISTINCT Username FROM Comment
```

（2）查询在博客发表的文章中，内容为空的文章。代码如下：

```
USE BlogDB
```

```
GO
SELECT * FROM Article WHERE Content IS NULL
```

（3）查询只发表了一篇文章的开博用户。代码如下：

```
USE BlogDB
GO
SELECT Username,COUNT( * )AS 篇数
FROM Article
GROUP BY UserName
HAVING COUNT( * ) = 1
```

（4）查询每位开博用户发表的文章篇数，并按篇数降序排列。代码如下：

```
USE BlogDB
GO
SELECT Username,COUNT( * )AS 篇数
FROM Article
GROUP BY UserName
ORDER BY 篇数 DESC
```

（5）查询开博用户每篇文章的评论记录数。代码如下：

```
USE BlogDB
GO
SELECT x.Username,y.Subject,COUNT(y.ArticleID)AS 评论数
FROM Users AS x,Article AS y,Comment AS z
WHERE x.Username = y.Username AND y.ArticleID = z.ArticleID
GROUP BY x.Username,y.Subject
```

（6）显示所有博客用户的姓名、性别、发表的文章主题及发表时间（使用左外连接）。
代码如下：

```
USE BlogDB
GO
SELECT x.Username,x.Sex,y.Subject,y.ShiJian
FROM Users x LEFT OUTER JOIN Article y
ON x.Username = y.Username
```

4. 问题讨论

（1）SELECT 查询语句能否修改数据库中的数据？

（2）SELECT 查询语句中的各种子句之间有执行顺序吗？

（3）子查询能嵌套使用吗？子查询只能用在 WHERE 子句中吗？

知识拓展

思考与练习

一、填空题

1. 在 T－SQL 语句中，_____语句使用频率最高。

2. 左连接返回连接中左表的_____数据行，返回右表中的_____数据行。

3. SELECT 语句中两个必不可少的子句是_____和_____。

二、选择题

1. 语句 "SELECT Name，Sex，Birthday FROM Person" 返回（　　）列。

A. 1　　　　　　　　B. 2　　　　　　　　C. 3　　　　　　　　D. 4

2. 语句 "SELET COUNT（＊）FROM Person" 返回（　　）行。

A. 1　　　　　　　　B. 2　　　　　　　　C. 3　　　　　　　　D. 4

3. 假设数据表 "test" 中有 10 条记录，可获得最前面两条记录的命令为（　　）

A. SELECT 2 ＊ FROM test　　　　　　　B. SELECT TOP 2 ＊ FROM test

C. SELECT PERCENT 2 ＊ FROM test　　　D. SELECT PERCENT 20 ＊ FROM test

4. 关于查询语句中 ORDER BY 子句的说法中正确的是（　　）。

A. 如果未指定排序字段，则默认按递增排序

B. 数据表的字段都可用于排序

C. 如果在 SELECT 子句中使用了 DISTINCT 关键字，则排序字段必须出现在查询结果中

D. 联合查询不允许使用 ORDER BY 子句

5. 在 T－SQL 语法中，SELECT 语句的完整语法较复杂，但至少包括（　　）。

A. SELECT，INTO　　　　　　　　B. SELECT，FROM

C. SELECT，GROUP　　　　　　　　D. 仅 SELECT

6. 在 T－SQL 语句中，与 "NOT IN" 等价的操作符是：（　　）

A. ＝ SOME　　　　　B. <> SOME　　　　　C. ＝ ALL　　　　　D. <> ALL

7. 下列关于查询排序的说法中正确的是（　　）。

A. ORDER BY 子句后面只能跟一个字段名

B. 排序操作不会影响表中存储数据的顺序

C. ORDER BY 子句中的默认排序方式为降序排列

D. 只能对数值型字段进行排序

学习评价

评价项目	评价内容	分值	得分
基本 SELECT 语句	能运用基本 SELECT 语句	10	
单表查询	能完成单表查询	20	
多表查询	能完成多表查询	30	
嵌套查询	能完成嵌套查询	20	
根据项目功能需求书写查询语句	能根据项目功能需求书写查询语句	10	
职业素养	遵守规则、运用规则、勤于实践	10	
合计			

第 **7** 章

视图的创建与管理

学习目标

- 能掌握视图在数据库三级模式结构中所处的地位。
- 能根据项目功能需求为应用程序创建视图。
- 能使用 SSMS 和 T‑SQL 语句完成视图的创建与管理。

学习导航

本章介绍的视图，是数据库三级模式结构中的外模式，属于数据库实施阶段内容。使用 SSMS 和 T‑SQL 语句完成对视图的创建与管理，使应用程序和数据库表在一定程度上独立。本章学习内容在数据库应用系统开发中的位置如图 7‑1 所示。

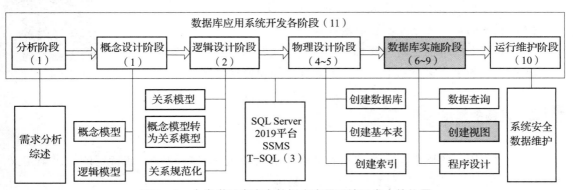

图 7‑1　本章学习内容在数据库应用系统开发中的位置

7.1 任务1：认识视图

任务目标

- 理解视图的概念。
- 理解视图的作用。

在第 1 章所描述的数据库三级结构中，数据库对应内模式（物理结构）、基本表对应模式（整体逻辑结构）、视图对应外模式（局部逻辑结构）。本章介绍视图。

7.1.1 视图的基本概念

视图是由 SELECT 查询语句指定，一个或多个数据表或视图导出的虚表或查询表，其内容与真实的表相似，包含一系列行、列数据，在引用视图时动态生成。但是，视图并不在数据库中以存储的数据值集的形式存在。

对所引用的基本表来说，视图的作用类似于筛选。定义视图的筛选可以来自当前或其他数据库的一个或多个基本表，也可以来自其他视图。

视图的创建与管理应注意以下问题：

（1）视图的列可以来自不同的表/视图，是在表/视图的抽象和逻辑意义上建立的新关系。

（2）视图是由基本表（实表）产生的表（虚表）。

（3）视图的建立和删除不影响基本表。

（4）对视图内容的更新（添加、删除和修改）直接影响基本表。

（5）当视图来自多个基本表时，不允许添加和删除数据。

认识视图

7.1.2 视图的作用

（1）简化用户的操作。将经常用到的多表联合查询出来的数据，或特定的结果集定义为视图，这样就起到了模块化数据的作业，易维护。

（2）提高安全性。视图可以让用户或者程序开发人员只看到他们所需要的数据，而不需要把表中的所有信息与字段暴露出来，这增强了数据的安全性。

（3）提高逻辑数据独立性。视图可以使应用程序和数据库表在一定程度上独立。有了视图，程序可以直接访问视图，而不访问数据库表。

7.2 任务 2：使用 SSMS 创建、修改、删除和检索视图

任务目标

● 掌握使用 SSMS 创建、修改和删除视图的方法。

● 掌握使用 SSMS 检索视图的方法。

要创建视图，必须获得创建视图的权限，并且如果使用架构绑定创建
视图，必须使视图的定义中所引用的表或视图具有适当的权限。有关架构
的应用将在第 11 章中介绍。

使用 SSMS 创建、
修改和删除视图

7.2.1 创建视图

用 SSMS 提供的"视图设计器"来创建视图。
下面举例说明创建视图的方法。

【例 7 - 1】 在教学管理系统 EDUC 数据库中，
创建查询软件技术专业的学生并按学号升序排列的
视图"View_zy"。

（1）在"对象资源管理器"窗口中，单击
"EDUC"节点前的加号，展开数据库，用鼠标右
键单击"视图"节点，从弹出的菜单中选择"新
建视图"命令，如图 7 - 2 所示。

（2）在出现的"添加表"对话框中选择所需
的表或视图。选择表"Student"，如图 7 - 3 所示。
单击"添加"按钮。如果不再添加其他表，则单
击"关闭"按钮，打开"视图"页和"视图设计器"工具栏。

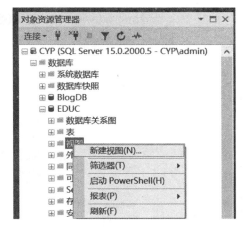

图 7 - 2　EDUC 数据库创建视图

（3）在"视图设计器"中选择要投影的列并设置条件，如选择"＊（所有列）"或单
击需要的列，筛选条件设置为"Speciality = ' 软件技术 '，SID 为升序"，如图 7 - 4 所示。

（4）在"视图设计器中"中，可以看到自动生成的 T - SQL 语句。窗口被分为 4 部分，
从上到下分别是"显示关系图窗格"（Ctrl + 1）、"显示条件窗格"（Ctrl + 2）、"显示 SQL 窗
格"（Ctrl + 3）和"显示结果窗格"（Ctrl + 4）。单击"视图设计器"工具栏中的"执行
SQL"按钮，可看到查询结果。

（5）用鼠标右键单击"视图"页标签，在出现的菜单中选择"保存视图"命令，如
图 7 - 5 所示。在出现的"选择名称"对话框中输入视图名，如"View_zy"。保存后弹出
图 7 - 6 所示的保存视图警告对话框，单击"确定"按钮即可。

（6）单击"确定"按钮，完成视图的创建，图 7 - 7 所示为创建的视图"View_zy"。

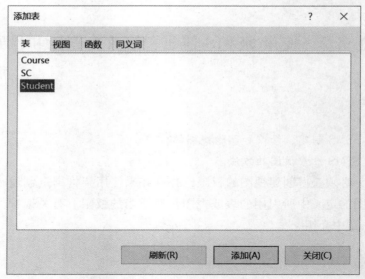

图 7 – 3　为视图添加表 "Student"

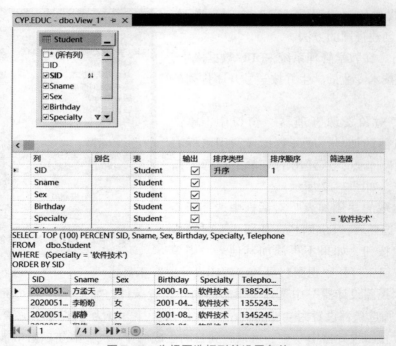

图 7 – 4　为视图选择列并设置条件

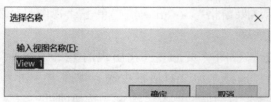

图 7 – 5　确认要保存的视图

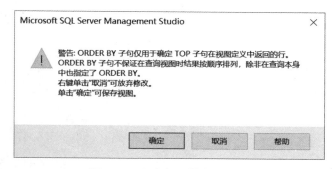

图 7-6　保存视图警告对话框

图 7-7　创建的视图 "View_zy"

【例 7-2】　在教学管理系统 EDUC 数据库中，创建学生选课信息表 "Student"、课程表 "Course" 和选课表 "SC" 的学生成绩有关信息。

（1）在 "对象资源管理器" 窗口中，单击 "EDUC" 节点前的加号，展开数据库，再用鼠标右键单击 "视图" 节点，从出现的菜单中选择 "新建视图" 命令。

（2）在出现的 "添加表" 对话框中选择所需的表或视图。分别选择表 "Student" 单击 "添加" 按钮，选择 "Course" 单击 "添加" 按钮，选择 "SC" 单击 "添加" 按钮。

（3）在 "视图设计器" 中选择要投影的列，并输入相应列的别名，如图 7-8 所示。

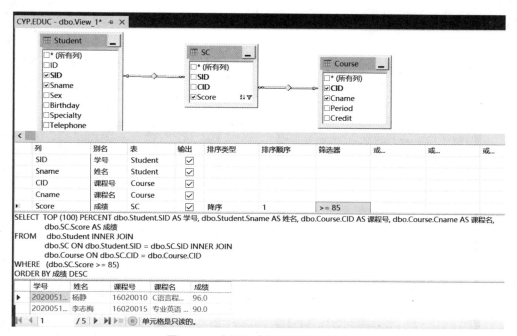

图 7-8　为视图选择列并输入别名

（4）在 "视图设计器" 中，可以看到自动生成的 T-SQL 语句。单击 "视图设计器" 工具栏中的 "执行 SQL" 按钮，可看到查询结果，如图 7-9 所示。

（5）用鼠标右键单击 "视图" 页标签，在出现的菜单中选择 "保存视图" 命令，在出现的 "选择名称" 对话框中输入视图名，如 "View_cj"。单击 "确定" 按钮，完成视图的创建，如图 7-10 所示。

学号	姓名	课程号	课程名	成绩
2020051...	杨静	16020010	C语言程...	96.0
2020051...	李志梅	16020015	专业英语...	90.0
2020051...	李志梅	16020014	数据库应...	89.0
2020051...	夏宇	16020013	数据结构...	87.0
2020051...	夏宇	16020014	数据库应...	85.0

◀ | 1 | /5 | ▶ | ▶| | ▶▶ | 单元格是只读的。

图 7-9　执行结果

图 7-10　创建的视图"View_cj"

7.2.2　修改视图

使用 SSMS 修改视图的方法与创建视图的方法基本相同，下面举例说明具体操作步骤。

【例 7-3】　在教学管理系统 EDUC 数据库中，修改视图"View_cj"，按成绩由低到高排序。

（1）在"对象资源管理器"中，展开"数据库"→"EDUC"→"视图"节点，用鼠标右键单击"dbo. View_cj"节点，从出现的菜单中选择"设计"命令，如图 7-11 所示。

（2）在出现的"视图设计器"中，按照创建视图的方法修改相应的内容。

（3）修改完毕后，单击工具栏中的"保存"按钮，完成视图的修改。

7.2.3　删除视图

在"对象资源管理器"中，展开"数据库"→具体数据库→"视图"节点，用鼠标右键单击要删除的视图节点，从出现的菜单中选择"删除"命令，如图 7-12 所示。

图 7-11　打开修改视图窗口

图 7-12　选择"删除"命令

在出现的"删除对象"窗口中，确认要删除的视图，如图 7-13 所示，单击"确定"按钮即可删除此视图。

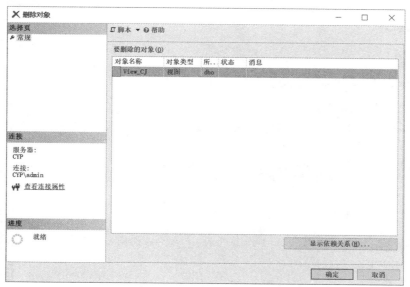

图 7-13　确认要删除的视图

7.2.4　视图检索（查询）

对视图的检索和对表的查询完全相同，可以直接打开视图，如图 7-14 所示。查看的视图结果如图 7-15 所示。

学号	姓名	课程号	课程名	成绩
2020051001	杨静	16020010	C语言程序设计 …	96.0
2020051002	夏宇	16020013	数据结构	87.0
2020051002	夏宇	16020014	数据库应用技术 …	85.0
2020051003	李志梅	16020014	数据库应用技术 …	89.0
2020051003	李志梅	16020015	专业英语 …	90.0

图 7-14　打开视图　　　　　　　图 7-15　查看的视图结果

7.3 任务3：使用 T－SQL 语句创建、修改和删除视图

任务目标

- 掌握使用 T－SQL 语句创建、修改和删除视图。
- 掌握使用视图操作数据表的方法。

在 SQL Server 2019 中不但可以通过视图检索数据，还可以通过视图修改基本表中的数据。

7.3.1 使用 T－SQL 语句创建视图

使用 CREATE　VIEW 命令创建视图，其语法格式如下：

使用 T－SQL 语句
创建、修改和
删除视图

```
CREATE  VIEW  <视图名>[(列名列表)]    ——视图名
[WITH  ENCRYPTION]
AS  <子查询>          ——搜索语句
[WITH  CHECK OPTION] ——强制修改语句必须符合子查询中设置的
                       条件
```

说明：

（1）视图名称必须遵循标识符的规则，且对每个架构都必须唯一。该名称不能与该架构包含的任何表的名称相同。

（2）可以在其他视图的基础上创建视图。

（3）不能为视图定义全文索引。

（4）不能创建临时视图，也不能对临时表创建视图。

【例 7－4】 定义视图"V1_Reader"为读者表中读者编号和读者姓名的数据。

（1）在 SSMS 窗口中，单击"新建查询"按钮，在"查询编辑器"中输入如下代码：

```
USE Library
GO
CREATE VIEW V1_Reader
AS SELECT DISTINCT RID,Rname
  FROM Reader
GO
```

（2）执行上面的 T－SQL 语句后，运行结果如下：

```
命令已成功完成。
```

（3）在视图节点上单击鼠标右键，在出现的菜单中选择"打开视图"命令，视图查询结果如图 7－16 所示。

图 7 - 16　视图查询结果

【例 7 - 5】　定义视图"RReturnDate",得到读者借书应还日期信息。

在"查询编辑器"中输入如下代码,其他操作同例 7 - 4:

```
USE Library
GO
CREATE VIEW RReturnDate(读者编号,姓名,读者类型,图书编号,图书名,应还日期)
AS
SELECT Reader.RID,Rname,TypeName,Book.BID,Bname,DateAdd(dd,Limit-
Days,LendDate)
FROM  Reader INNER JOIN
Borrow ON Reader.RID = Borrow.RID INNER JOIN
ReaderType ON Reader.Typeid = ReaderType.Typeid INNER JOIN
Book ON Borrow.BID = Book.BID
WHERE(ReturnDate IS NULL)
```

执行上面的 T - SQL 语句后,打开视图查看结果,如图 7 - 17 所示。

读者编号	姓名	读者类型	图书编号	图书名	应还日期
2021051001	杨静	教师	TP311-011	Java信息系统设计与开发实例	2021-06-28 13:46...
2021051001	杨静	教师	TP311-012	Java信息管理系统开发	2021-07-05 13:40...
2021051002	夏宇	学生	TP311-011	Java信息系统设计与开发实例	2021-03-22 13:42...
2021051002	夏宇	学生	TP392-03	SQL Server 2005应用教程	2021-05-14 13:46...
2021055003	郝静	学生	TP392-03	SQL Server 2005应用教程	2021-05-04 13:41...
2021055003	郝静	学生	TP945-08	计算机组装与维护	2021-03-25 13:43...

图 7 - 17　视图"RReturnDate"查询结果

提示:应还日期由借期和限借天数计算得来。

【例 7 - 6】　创建视图"overdue",从视图"RReturnDate"中查询借阅超期的读者新消息。

在"查询编辑器"中输入如下代码,其他操作同例 7 - 3:

```
USE Library
GO
CREATE VIEW overdue
AS
SELECT *
FROM RReturndate
WHERE(应还日期<GetDate())
```

运行该例时，系统日期设置为 2021 年 4 月 21 日。执行上面的 T－SQL 语句后，打开视图查看结果，如图 7－18 所示，可见该读者借阅超期。

CYP.Library - dbo.overdue

读者编号	姓名	读者类型	图书编号	图书名	应还日期
2021051002	夏宇	学生	TP311-011	Java信息系统设计与开发实例	2021-03-22 13...
2021055003	郝静	学生	TP945-08	计算机组装与维护	2021-03-25 13...

图 7－18　视图“overdue”查询结果

7.3.2　使用 T－SQL 语句修改视图

使用 ALTER VIEW 命令修改视图，其语法格式如下：

```
ALTER  VIEW 视图名
AS  SELECT 查询子句
```

提示： 此命令可修改已经创建的视图，其参数与创建视图语句的参数相同。

【例 7－7】 修改视图“V1_Reader”，把从表“Reader”中查询出的列“RID”和“Rname”改为“读者编号”和“读者姓名”。代码如下：

```
USE Library
GO
ALTER VIEW V1_Reader(读者编号,读者姓名)
AS SELECT DISTINCT RID,Rname
  FROM Reader
GO
```

执行上面的 T－SQL 语句后，打开视图查看结果，如图 7－19 所示。

7.3.3　使用 T－SQL 语句删除视图

使用 DROP VIEW 命令可以删除视图，其语法格式如下：

读者编号	读者姓名
2021030002	李茜
2021050001	陈艳平
2021051001	杨静
2021051002	夏宇
2021051003	李志梅
2021055001	王丽
2021055002	程伟
2021055003	郝静
2021055004	张峰
2021056001	吕珊珊

CYP.Library - dbo.V1_Reader

图 7 - 19 修改后的视图"V1_Reader"查询结果

```
DROP  WIEW 视图名
```

【例 7 - 7】 删除视图"V1_Reader"。代码如下:

```
DROP  WIEW V1_Reader
```

7.3.4 利用视图操作表

可以通过视图对基本表进行添加、修改和删除数据行的操作,但是有一定的限制条件,需要注意以下两点:

(1) 对视图进行添加、删除和修改操作直接影响基本表。

(2) 视图来自多个基本表时,不允许添加、删除和修改数据。

1. 添加数据行

【例 7 - 8】 通过视图"View_zy"添加一条新的数据行。代码如下:

使用视图

```
USE EDUC
GO
INSERT INTO View_zy(SID,Sname,Sex,Birthday,Specialty,Telephone)
VALUES('2021216322','李冰','男','2001 - 9 - 6','软件技术','18581295468')
```

执行以上 T - SQL 语句后,打开基本表查看,可见添加了一条新数据行,如图 7 - 20 所示。

2. 修改数据行

【例 7 - 9】 将视图"View_zy"中学号为"2021216322"的学生的电话号码改为"18581295488"。代码如下:

```
USE EDUC
GO
UPDATE View_zy
```

ID	SID	Sname	Sex	Birthday	Specialty	Telephone
1	2020051001	杨静	女	2001-05-05	计算机应用技术	13224089416
2	2020051002	夏宇	男	2000-04-27	计算机应用技术	13567895214
3	2020051003	李志梅	女	2002-08-18	计算机应用技术	18656253256
4	2020051005	方孟天	男	2000-10-06	软件技术	13852453256
5	2020051006	李盼盼	女	2001-04-12	软件技术	13552436188
6	2020051007	田聪	女	2002-10-11	云计算计算应用	13752436148
7	2020051183	郝静	女	2001-08-24	软件技术	13452456185
8	2020051202	王丽	女	2001-07-05	云计算技术应用	13659875234
9	2020051206	侯爽	女	2001-05-29	计算机网络技术	13952436165
10	2020051231	吕珊珊	女	2000-10-27	大数据技术	13752436179
11	2020051232	杨树华	女	2001-07-05	计算机网络技术	13752436175
12	2020051235	周梅	女	2001-06-22	计算机网络技术	13752436195
13	2020051302	王欢	男	2000-08-26	计算机网络技术	13752436765
14	2020051328	程伟	男	2002-01-30	软件技术	13243542436
15	2020051424	赵本伟	男	2001-09-03	大数据技术	13786532459
16	2020051504	张峰	男	2002-09-03	云计算技术应用	13567424242
17	2021216322	李冰	男	2001-09-06	软件技术	18581295468

图 7-20　基本表中添加了一条新数据行

```
SET Telephone ='18581295488'
WHERE SID ='2021216322'
GO
```

执行以上 T-SQL 语句后，打开基本表查看，该学生的电话号码已经发生了改变，如图 7-21 所示。

| 17 | 2021216... | 李冰 | 男 | 2001-09-06 | 软件技术 | 18581295488 |

图 7-21　更新的基本表数据行

3. 删除数据行

【例 7-10】　在视图"View_zy"中删除学号为"2021216322"的学生数据行。代码如下：

```
USE EDUC
GO
DELETE FROM View_zy
WHERE SID ='2021216322'
GO
```

执行以上 T-SQL 语句后，打开基本表查看，学号为"2021216322"的"李冰"数据行已经被删除。

> **提示：**（1）视图一经定义，便存储在数据库中。对视图的操作与对表的操作一样，可进行查询、修改与删除。

（2）当修改视图中的数据时，相应的基本表的数据也会产生变化；反之，当基本表的数据发生变化时，这种变化也会自动反映到视图中。实际上修改的还是基本表的数据。

本章重点介绍了视图的创建、修改和删除操作，还介绍了使用视图查询和操作基本表的方法。读者应通过上机练习加深对视图的理解，并提高对视图的应用能力。

7.4　任务训练——创建与管理视图

1. 实验目的

（1）掌握使用 SSMS 创建、修改、删除视图的方法。

（2）掌握使用 T－SQL 语句创建、修改、删除视图的方法。

（3）掌握视图的使用方法。

2. 实验内容

（1）完成本章实例内容。

（2）利用 SSMS 和 T－SQL 语句创建、修改、删除博客数据库 BlogDB 视图，并利用视图完成对基本表的修改工作。

3. 实验步骤

（1）在"对象资源管理器"中，展开"数据库"→"BlogDB"节点，用鼠标右键单击"视图"节点，从出现的菜单中选择"新建视图"命令，打开"视图设计器"

（2）在出现的"添加表"对话框中选择所需要的表或视图。这里选择"Users"和"Article"视图，单击"添加"按钮。

（3）在"视图设计器"中选择要投影的列（UserName、Subject、ShiJian），ShiJian 筛选器设置为" ＞CONVERT（DATETIME，'2011－05－01 00：00：00'）"，显示 2011 年 5 月之后发表的文章。

（4）单击"视图设计器"工具栏中的"执行 SQL"按钮，可以查看查询结果。若查询结果正确，单击工具栏上的"保存"按钮。

（5）在"对象管理器"中，展开"数据库"→"BlogDB"节点，用鼠标右键单击"视图"节点，从出现的菜单中选择"打开视图"命令，浏览视图结果。

（6）参考本章内容，用 T－SQL 语句完成视图的创建、修改、删除并使用视图。

4. 问题讨论

视图与基本表的关系是？

知识拓展

思考与练习

一、填空题

1. 在 SQL Server 2019 中不仅可以通过视图检查基表中的数据，还可以向基本表中添加或修改数据，但是所添加的数据必须符合基本表中的_____。

2. 视图是从其他_____或视图导出的表。

3. 在一般情况下，视图是一张_____，是通过_____语句来构造的，而不是用_____构造的。

二、选择题

1. 在 SQL Server 2019 中，关于视图的描述不正确的是（　　）。

A. 视图不是数据库中存储的数据值的集合

B. 视图不但可以基于一个或多个表，也可以基于一个或多个视图

C. 视图仅用于查询，不能修改视图中的数据

D. 视图的结构和数据是建立在对表查询的基础上的

2. 以下关于视图的描述错误的是（　　）。

A. 由基本表（实表）产生的表（虚表）

B. 视图的建立和删除不影响基本表

C. 对视图内容的更新直接影响基本表

D. 视图在数据库中以存储的数据值集的形式存在。

学习评价

评价项目	评价内容	分值	得分
数据库三级模式结构	理解数据库三级模式结构	10	
使用 SSMS 与 T－SQL 语句创建视图	能使用 SSMS 与 T－SQL 语句创建视图	50	
根据项目功能 需求创建视图	能根据项目功能 需求创建视图	30	
职业素养	具备安全意识、职业道德	10	

第8章

T-SQL编程与应用

- 掌握批处理和事务概念。
- 掌握T-SQL表达式的构造方法。
- 掌握T-SQL常用函数的用法。
- 掌握基本流程控制语句的用法。
- 掌握事务语句的用法。

本章介绍的T-SQL编程与应用，属于数据库实施阶段。本章所介绍的数据库编程基础知识为后序章节的存储过程、触发器内容的学习打下编程基础。本章学习内容在数据库应用系统开发中的位置如图8-1所示。

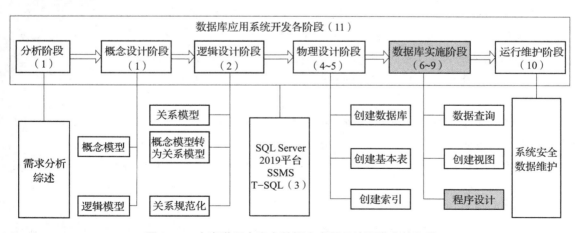

图8-1　本章学习内容在数据库应用系统开发中的位置

8.1 任务 1：认识 T–SQL 编程

任务目标

- 认识 T–SQL 语言。
- 掌握标识符的定义方法。
- 了解 T–SQL 常用的数据类型。

T–SQL 语言属于 SQL 结构化查询语言中的一种，是标准 SQL 语言的增强版，是应用程序与 SQL Server 数据库引擎沟通的主要语言。

8.1.1 有效标识符

SQL Server 的所有对象，包括服务器、数据库以及数据库对象，如表、视图、列、索引、触发器、存储过程、规则、默认值和约束等都可以有一个标识符。对绝大多数对象来说，标识符是必不可少的，但对某些对象如约束来说，是否规定标识符是可选的。对象的标识符一般在创建对象时定义，作为引用对象的工具使用。

为了提供完善的数据库管理机制，SQL Server 对于对象的标识符设计了严格的命名规则。在创建或引用数据库实体，如表、索引、约束等时，必须遵守 SQL Server 的命名规则，否则有可能发生一些难以预料和检查的错误。标识符命名规则如下：

（1）当视图来自多个基本表时，不允许添加和删除数据。

认识 T–SQL 编程

①可用作标识符的字符如下：

a. 英文字符：A～Z 或 a～z，在 SQL 中是不用区分大小写的。

b. 数字：0～9，但数字不得作为标识符的第一个字符。

c. 特殊字符：_、#、@ 、$，但 $ 不得作为标识符的第一个字符。

d. 特殊语系的合法文字：例如中文文字也可作为标识符的合法字符。

②标识符不能是 SQL Server 的关键字，例如"table""TABLE""select""SELECT"等都不能作为标识符。

③标识符中不能有空格符或_、#、@ 、$ 之外的特殊符号。

④标识符的长度不得超过 128 个字符长度。

（2）SQL Server 一共定义了两种类型的标识符：规则标识符（Regular Identifier）和界定标识符（Delimited Identifier）。

①规则标识符。

规则标识符严格遵守标识符命名规则，所以在 T–SQL 语句中凡是规则标识符都不必使用界定符号进行界定，例如"student""学生信息表"都是合法有效的规则标识符。

②界定标识符。

界定标识符是那些使用了如"[ ]"和""""等界定符号进行位置限定的标识符。若对象名称不符合上述标识符命名规则，只要在名称的前、后加上界定标识符——中括号（［］）或双引号（""），该名称就变成合法标识符了（但标识符的长度仍不能超过 128 个字符长度）。使用了界定标识符，既可以遵守标识符命名规则，也可以不遵守标识符命名规则。例如："″book info″"″［select］″标识符内分别使用了空格和 SQL Server 关键字 select，因此需要加上界定标识符［""""或"［］"］，使其成为合法标识符。

8.1.2　注释

代码中不执行的文本字符串，称为注释。注释主要有两方面的作用，一方面用来对代码的功能或实现技术进行简要解释和说明，便于以后对代码进行维护；另一方面用来对程序中暂时不用的语句进行屏蔽，在需要再次使用时删除注释即可马上使用该语句。SQL Server 中有两种类型的注释。

1. 多行注释

SQL Server 中的多行注释与 C 语言程序的注释符号相同，即"／＊"和"＊／"，例如：
／＊设置 id 为主键
主键不能为空＊／

2. 单行注释

SQL Server 中使用"－－"书写单行注释语句，这是 ANSI 标准的注释符。例如：
－－检索图书信息

8.1.3　数据类型

1. 数据类型概述

数据类型是数据的一种属性，表示数据所表示信息的类型。任何一种计算机语言都定义了自己的数据类型。当然，不同的程序语言都具有不同的特点，所定义的数据类型的种类和名称都或多或少有些不同。SQL Server 提供的数据类型在第 5 章已经进行了详细介绍，这里不再赘述。

2. 用户定义数据类型

在设计数据库或表时，经常会遇到同一个字段由于某种原因出现在不同表中的情况。比如图书编号字段 BID，通常会出现在图书信息表"Book"和借阅信息表"Borrow"中，这样就很难保证不同表中 BID 字段的一致性。比如有可能会出现表"Book"中图书编号字段 BID数据类型是 varchar(9)，而表"Borrow"中图书编号字段 BID 是 char(9) 这种情况。数据类型的不一致会导致数据内容截断、无法赋值、程序报错等严重问题。使用用户自定义数据类型可以有效地解决上述问题。

使用统一的 bookid 类型后，数据类型不一致的问题得到解决，而且如果后续需要更改类型时，只需要改 bookid，否则需要把所有表中的相关字段都同步一遍，工作量和易错性都是不言而喻的。

【**例 8 - 1**】 为 Library 数据库定义一个基于 char 类型的数据类型"bookid"，用于说明表中图书编号字段的数据类型。

（1）新建用户定义数据类型。在"对象资源管理器"中，依次展开节点"数据库"→"Library"→"可编程性"→"类型"，在"用户定义数据类型"节点上单击鼠标右键，选择"新建用户定义数据类型…"命令，打开"新建用户定义数据类型"对话框，如图 8 - 2 所示。

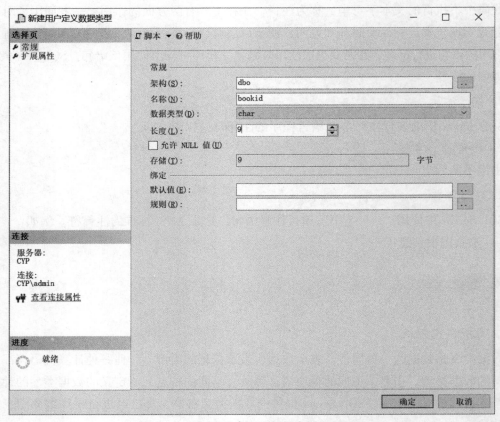

图 8 - 2 "新建用户定义数据类型"对话框

①在"名称"文本框中输入用户定义数据类型名称"bookid"。

②在"数据类型"下拉列表中选择"char"数据类型。

③在"长度"数值框中输入长度"9"。

④让"允许 NULL 值"复选框保持未被选中状态。

其余设置选项保持默认值即可，设置完成后，单击"确定"按钮，即可完成用户定义数据类型"bookid"的创建。

（2）查看用户定义数据类型。在"对象资源管理器"中，依次展开节点"数据库"→"Library"→"可编程性"→"类型"→"用户定义数据类型"，在其分支中可以看到新建的数据类型"bookid"，如图 8-3 所示。

（3）应用用户定义数据类型。当创建数据库中的表时，可以用用户定义数据类型作为表中列的数据类型。例如，在 Library 数据库中创建图书信息表"Book"，表中图书编号字段BID 就可以定义为"bookid"数据类型，如图 8-4 所示。

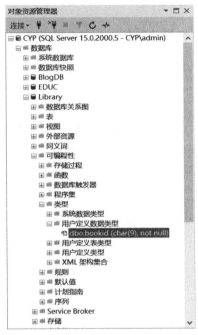

图 8-3　查看用户定义数据类型　　　　图 8-4　用户定义数据类型的应用

另外，也可以将用户定义数据类型用于变量的数据类型声明中（关于变量声明在后面的章节中会作介绍），例如：

```
USE Library
GO
DECLARE @BID bookid
```

8.2　任务 2：认识表达式

任务目标

- 理解常量、变量、表达式的概念。
- 熟练掌握变量的声明方式。
- 掌握常用函数和运算符的用法。
- 掌握表达式的构造方式。

认识表达式

表达式是常量、变量、函数和运算符的组合，简单的表达式可以是一个常量、变量、列或标量函数，也可以用运算符将两个或更多的简单表达式连接起来组成复杂的表达式。表达式在 SQL Server 查询中的应用，使 SQL Server 的查询操作有了更大的灵活性。

8.2.1 常量

常量也称为文字值或标量值，是表示一个特定数据值的符号。常量的格式取决于它所表示的值的数据类型。SQL Server 中常用的常量分为 4 种，分别为数字常量、字符串常量、日期和时间常量以及符号常量。

1. 数字常量

整型（bigint、int、smallint、tinyint）和浮点型（decimal）的数据都可以作为数字常量使用。整型常量以没有用引号括起来并且不包含小数点的数字字符串来表示，例如 1 000。浮点型常量以没有用引号括起来并且包含小数点的数字字符串来表示，例如 5.55。

2. 字符串常量

字符串常量括在单引号内，并包含字母（a~z、A~Z）、数字字符（0~9）以及特殊字符，如感叹号（!）、at 符（@）等，例如 'abc'、'123'、'a * b'。其中，使用两个单引号表示嵌入的单引号，例如 'I" m' 表示字符串 I'm。字符串常量的引入极大地方便了使用 T – SQL 语句进行查询、添加等操作。

3. 日期和时间常量

日期和时间（datetime、smalldatetime）常量需要特定格式的字符日期值，并使用单引号括起来表示。例如 'April 15, 1998' 为日期常量，'14：30：24' 为时间常量。大多数数据库系统都提供了时间和日期的转换函数，以使系统中时间和日期的格式得以统一。

4. 符号常量

除了用户提供的常量外，SQL Server 包含几个特有的符号常量，这些符号常量代表不同的常用数据值。例如，CURRENT_DATE 表示当前的日期，类似的如 CURRENT_TIME、USER、SYSTEM_USER、SESSION_USER 等。这些符号常量也可以通过 SQL Server 的内嵌函数访问。

此外，还有一些不常用的常量类型，如二进制常量、bit 常量、货币型常量（money）、uniqueidentifier 常量等。

（1）二进制常量：具有前辍 0x 并且是十六进制数字字符串，这些常量不使用引号括起，例如 0x10。

（2）bit 常量：使用数字 0 或 1 表示，并且不括在引号中。如果使用一个大于 1 的数字，则该数字将转换为 1。

（3）货币型常量：以前缀为可选的小数点和可选的货币符号的数字字符串来表示，该常量不使用引号括起，例如 ¥10、$11.5。

（4）uniqueidentifier 常量：是表示 GUID 的字符串，可以使用字符或二进制字符串格式指定。例如以下示例都指定相同的 GUID：

'6F9619FF – 8B86 – D011 – B42D – 00C04FC964FF'

0xff19966f868b11d0b42d00c04fc964ff

8.2.2　变量

变量是指没有固定的值，在程序运行过程中可以改变的量，变量对于一种程序设计语言来说是必不可少的组成部分。T - SQL 语言允许使用两种类型的变量：一种是用户自己定义的局部变量（Local Variable），另一种是系统提供的全局变量（Global Variable）。

1. 局部变量

局部变量是用户自己定义的变量，它的作用范围仅在程序内部，通常只能在一个批处理中或存储过程中使用，用来存储从表中查询到的数据，或当作程序执行过程中的暂存变量使用。局部变量使用 DECLARE 语句定义，并且指定变量的数据类型，然后可以使用 SET 或 SELECT 语句为变量初始化。局部变量必须以 "@" 开头，而且必须先声明后使用。

1）局部变量的声明

其语法格式如下：

```
DECLARE @变量名变量类型[,@变量名变量类型…]
```

提示：（1）若声明字符型的局部变量，若没有为其指定最大长度，系统默认长度为 1。

（2）若声明多个局部变量，使用一个逗号来分隔多个变量的声明。

其中变量类型可以是 SQL Server 支持的数据类型，也可以是用户定义的数据类型。使用 DECLARE 语句声明变量后，没有对变量进行初始化操作，其值默认设置为 NULL。

2）局部变量的初始化

在 T - SQL 语言中不能像在一般的程序语言中一样使用 "变量 = 变量值" 的方式给变量赋值。必须使用 SELECT 或 SET 语句设定变量的值，其语法格式如下：

```
SELECT @局部变量1 = 变量值1[,@局部变量2 = 变量值2,…,@局部变量n = 变量值n]
SET @局部变量 = 变量值
```

在此需要说明一下 SET 与 SELECT 语句对变量赋值的区别，见表 8 – 1。

表 8 – 1　SET 与 SELCET 语句对变量赋值的区别

序号	赋值方式	SET	SELCET
1	同时对多个变量同时赋值	不支持	支持
2	表达式返回多个值时	出错	将返回的最后一个值赋给变量
3	表达式未返回值	变量被赋 NULL 值	变量保持原值

【例 8 - 2】 用 SELECT 语句斌值时，多个返回值中取最后一个。代码如下：

```
USE Library
GO
DECLARE @name nvarchar(42)              --声明局部变量
SELECT @name = Bname FROM Book          --把查询结果赋给局部变量
SELECT @name                            --输出局部变量的值
```

执行结果如图 8 - 5 所示。

图 8 - 5 显示局部变量 @name 赋值后的值

提示：（1）使用 SET 语句同样也可以将查询结果赋值给变量，但是有一个前提，就是查询结果的返回值必须是唯一的，否则程序会报错；而 SELECT 语句则不会报错，而是在多个返回值中取最后一个返回给变量赋值，如上例所示。

（2）上例中的"SELECT @ name = Bname FROM Book"也可以写成"SELECT @ name = (SELECT Bname FROM Book)；"，而 SET 语句在进行查询结果赋值时格式没有这么自由，只能写成"SET @ COUNT = (SELECT COUNT(＊) FROM Book)"这样的形式，像上例中省略 SELECT 进行查询的形式 SET 语句是不支持的。

【例 8 - 3】 用 SET 语句对变量 @ id 赋值，并使用 SELECT 语句找出学号为 @ id 的学生信息。代码如下：

```
USE EDUC
GO
DECLARE @id char(10)                           --声明局部变量
SET @id = '2020051002'                         --为局部变量赋值
SELECT * FROM Student WHERE SID = @id          --使用局部变量进行查询
```

执行结果如图 8 - 6 所示。

图 8 - 6 SID = @ id 查询结果

提示：（1）SQL Server 推荐使用 SET 语句而不是 SELECT 语句对变量进行赋值，因为 SET 语句是 ANSI 标准的 SQL Server 语句，SELECT 语句不是。

（2）在一般情况下，如果用指定的常量进行赋值，建议使用 SET 语句，如果用从表中查询出的数据给变量赋值，建议使用 SELECT 语句。

2. 全局变量

全局变量是 SQL Server 系统内部使用的变量，其作用范围并不局限于某一程序，而是任何程序均可随时调用。全局变量通常存储一些 SQL Server 的配置设置值和效能统计数据。用户可在程序中用全局变量测试系统的设定值或者 T－SQL 命令执行后的状态值。使用全局变量时应注意以下几点：

（1）全局变量不是由用户的程序定义的，它们是在服务器级定义的。

（2）用户只能使用预先定义的全局变量。

（3）引用全局变量时，必须以标识符@@开头。

（4）局部变量的名称不能与全局变量的名称相同，否则程序会出现不可预测的结果。

常用的全局变量名称及其功能见表 8－2。

表 8－2　常用的全局变量名称及其功能

序号	全局变量	功　能
1	@@ CONNECTIONS	自 SQL Server 2019 最近一次启动以来登录或试图登录的次数
2	@@ CPU_BUSY	自 SQL Server 2019 最近一次启动以来 CPU Server 的工作时间
3	@@ CURSOR_ROWS	返回本次连接最新打开的游标中的行数
4	@@ DATEFIRST	返回 SET DATEFIRST 参数的当前值
5	@@ DBTS	数据库的唯一时间标记值
6	@@ ERROR	系统生成的最后一个错误的错误号，若为 0 则表示成功，没有出错
7	@@ FETCH_STATUS	最近一条 FETCH 语句的标志
8	@@ IDENTITY	当表中某一列被定义为 IDENTITY 列时，返回最后插入记录的标识符
9	@@ IDLE	自 CPU 服务器最近一次启动以来的累计空闲时间
10	@@ IO_BUSY	服务器输入/输出操作的累计时间
11	@@ LANGID	当前使用的语言的 ID
12	@@ LANGUAGE	当前使用语言的名称
13	@@ LOCK_TIMEOUT	返回当前锁的超时设置
14	@@ MAX_CONNECTIONS	同时与 SQL Server 2019 相连的最大连接数量
15	@@ MAX_PRECISION	十进制与数据类型的精度级别
16	@@ NESTLEVEL	当前调用存储过程的嵌套级，范围为 0～16
17	@@ OPTIONS	返回当前 SET 选项的信息

续表

序号	全局变量	功　能
18	@ @ PACK_RECEIVED	所读的输入包数量
19	@ @ PACKET_SENT	所写的输出包数量
20	@ @ PACKET_ERRORS	读与写数据包的错误数
21	@ @ RPOCID	当前存储过程的 ID
22	@ @ REMSERVER	返回远程数据库的名称
23	@ @ ROWCOUNT	最近一次查询涉及的行数
24	@ @ SERVERNAME	本地服务器名称
25	@ @ SERVICENAME	当前运行的服务器名称
26	@ @ SPID	当前进程的 ID
27	@ @ TEXTSIZE	当前最大的文本或图像数据大小
28	@ @ TIMETICKS	每一个独立的计算机报时信号的间隔数（ms），报时信号为 31. 25 ms 或 1/32 s
29	@ @ TOTAL_ERRORS	读写过程中的错误数量
30	@ @ TOTAL_READ	读磁盘次数（不是高速缓存）
31	@ @ TOTAL_WRITE	写磁盘次数
32	@ @ TRANCOUNT	当前用户的活动事务处理总数
33	@ @ VERSION	当前 SQL Server 的版本号

【例 8 - 4】 显示查询出的记录条数。代码如下：

```
USE Library
 --查询图书价格大于等于30的所有图书信息
SELECT * FROM Book WHERE Price >=30
SELECT @ @ROWCOUNT                        --显示上一步查询出的记录条数
```

执行结果如图 8 - 7 所示。

8.2.3　函数

函数对于任何程序设计语言都是非常重要的组成部分。SQL Server 提供的函数分为两大类：系统内置函数和用户自定义函数。关于用户自定义函数会在后面章节作详细讲解，这里只对一些常用的系统内置函数作介绍，其他内置函数的说明请参考联机手册。

1. 聚合函数

聚合函数在数据库数据的查询分析中应用十分广泛。有关聚合函数在第 6 章已经作了介绍，这里只作一个简单归纳。

（1）SUM( )函数用于对数据求和，返回选取结果集中所有值的总和。注意 SUM( )函数只能作用于数值型数据。

（2）COUNT( )函数用来计算表中记录的个数或者列中值的个数，计算内容由 SELECT 语句指定。使用 COUNT( )函数时，必须指定一个列的名称或者使用星号，星号表示计算一个表中的所有记录。

（3）MAX( )/MIN( )函数用于获取一列数据中的最大值/最小值。注意列中的数据可以是数值、字符串或日期时间数据类型。MAX( )/MIN( )函数将返回与被传递的列同一数据类型的单一值。

（4）AVG( )函数用于计算一列中数据值的平均值。与 SUM( )函数一样，AVG( )函数只能作用于数值型数据。

【例 8-5】　计算学生信息表中女学生的人数。代码如下：

```
USE EDUC
GO
SELECT COUNT( * ) FROM Student WHERE Sex ='女'
```

执行结果如图 8-8 所示。

图 8-7　全局变量@@ROWCOUNT 的输出结果　　图 8-8　聚合函数 COUNT( )的应用

2. 日期时间函数

常用的日期时间函数的语法格式及功能见表 8-3。

表 8-3　常用的日期时间函数的语法格式及功能

序号	函数	参数/功能
1	GetDate( )	返回系统当前的日期与时间
2	DateDiff(interval，date1，date2)	以 interval 指定的方式，返回 date2 与 date1 两个日期之间的差值 date2 - date1
3	DateAdd(interval，number，date)	以 interval 指定的方式，加上 number 之后的日期
4	DatePart(interval，date)	返回日期 date 中，interval 指定部分所对应的整数值

序号	函数	参数/功能
5	DateName(interval，date)	返回日期 date 中，interval 指定部分所对应的字符串名称
6	Year(date)	返回日期 date 中的年份
7	Month(date)	返回日期 date 中的月份
8	Day(date)	返回日期 date 中的相应月份对应的日

表 8-3 中的参数 interval 的取值及说明见表 8-4。

表 8-4 参数 interval 的取值及说明

序号	值	缩写	说明
1	Year	Yy	年，取值范围：1 753~9 999
2	Quarter	Qq	季，取值范围：1~4
3	Month	Mm	月，取值范围：1~12
4	Day of year	Dy	一年中的第几日，取值范围：1~366
5	Day	Dd	一月中的第几日，取值范围：1~31
6	Weekday	Dw	一周中的第几日，取值范围：1~7
7	Week	Wk	周，取值范围：0~51
8	Hour	Hh	时，取值范围：0~23
9	Minute	Mi	分钟，取值范围：0~59
10	Second	Ss	秒，取值范围：0~59
11	Millisecond	Ms	毫秒，取值范围：0~999

【例 8-6】 获取服务器当前的日期和时间。代码如下：

```
SELECT GetDate()AS 当前日期,          --返回当前日期和时间
Year(GetDate())AS 年,                 --返回当前日期的年份
Month(GetDate())AS 月,                --返回当前日期的月份
Day(GetDate())AS 日                   --返回当前日期的天数
```

执行结果如图 8-9 所示。

	当前日期	年	月	日
1	2021-04-24 18:06:59.123	2021	4	24

图 8-9 **GetDate( )、Year( )、Month( )、Day( )** 函数的应用

提示：上例中获取一个日期中的年、月、日，除了使用例子中的 Year( )、Month( )、Day( ) 函数来获取之外，也可以使用 DatePart(year, GetDate( ))、DatePart(Month, Get-Date( ))、DatePart(dd, GetDate( )) 来获取。

【例 8 –7】　计算 2011 年 5 月 1 日与 2011 年 10 月 1 日相差的周数和天数。代码如下：

```
DECLARE @date1 datetime,@date2 datetime
SET @date1 ='2021 -2 -1'
SET @date2 ='2021 -4 -25'
SELECT DateDiff(wk,@date1,@date2)AS 周,      ——返回相差的周数
DateDiff(dd,@date1,@date2)AS 天              ——返回相差的天数
```

执行结果如图 8 –10 所示。

【例 8 –8】　计算 2011 年 10 月 1 日是星期几。代码如下：

```
DECLARE @date datetime
SET @date ='2021/10/1'
SELECT DateName(dw,@date)
```

执行结果如图 8 –11 所示。

图 8 –10　DateDiff( ) 函数的应用　　　图 8 –11　DateName( ) 函数的应用

3. 字符串函数

字符串函数非常多，包括 ASCII( )、NCHAR( )、SOUNDEX( )、CHAR( )、PATINDEX( )、SPACE( )、CHARINDEX( )、QUOTENAME( )、STR( )、DIFFERENCE( )、REPLACE( )、STUFF( )、LEFT( )、REPLICATE( )、SUBSTRING( )、LEN( )、REVERSE( )、UNICODE( )、LOWER( )、RIGHT( )、UPPER( )、LTRIM( ) 和 RTRIM( ) 等，下面选择一些常用的字符串函数作简单介绍。

1）字符串转换函数

（1）ASCII( )

功能：返回字符表达式最左端字符的 ASCII 码值。

说明：在 ASCII( ) 函数中，纯数字的字符串可不用"''"括起来，但含其他字符的字符串必须用"''"括起来使用，否则会出错。

（2）CHAR( )

功能：将 ASCII 码转换为字符。

说明：如果没有输入 0～255 的 ASCII 码值，CHAR( ) 返回 NULL。

（3）LOWER( ) 和 UPPER( )

功能：LOWER( ) 将字符串全部转为小写；UPPER( ) 将字符串全部转为大写。

（4）STR( )

功能：把数值型数据转换为字符型数据。

语法格式：STR（< float_expression > [，length [，< decimal >]]）

参数说明：length 指定返回的字符串的长度，缺省值为 10；decimal 指定返回的小数位数，缺省值为 0。

说明：当 length 或者 decimal 为负值时，返回 NULL；当 length 小于小数点左边（包括符号位）的位数时，返回 length 个；先服从 length，再取 decimal；当返回的字符串位数小于 length 时，左边补足空格。

（5）UNICODE( )

功能：把一个字符转换为 Unicode 整数。

【例 8 – 9】 字符串转换函数举例。代码如下：

```
USE Library
GO
SELECT
Bname + Char(9) + STR(Price) AS Book,
ASCII(Bname) AS AsciiBookName,
UNICODE(Bname) AS UnicodeProductName FROM Book
```

执行结果如图 8 – 12 所示。

	Book	AsciiBookName	UnicodeProductName
1	教育心理学　　　　78	189	25945
2	大学生创新能力开发与应用　　　32	180	22823
3	Java信息系统设计与开发实例　　22	74	74
4	Java信息管理系统开发　　34	74	74
5	软件工程　　27	200	36719
6	软件工程案例开发与实践　　29	200	36719
7	数据库系统概论　　25	202	25968
8	数据库应用技术（SQL Server 2005）　29	202	25968
9	SQL Server 2005应用教程　　25	83	83
10	计算机组装与维护　　24	188	35745

图 8 – 12　字符串转换函数 CHAR( )、STR( )、ASCII( )、UNICODE( )的应用

提示：（1）CHAR( ) 函数可以把一个 ASCII 码整数（0~255）转换为字符，该函数在给字符串插入控制字符时非常方便，比如本例中使用其输入控制符 Tab 键（ASCII 码为 9），此外常用的控制符还有换行符（ASCII 码为 10）或者回车符（ASCII 码为 13）。

（2）ASCII( ) 函数在半角状态下和 UNICODE( ) 函数得到的值是一样的（如上例中返回结果中的第 3、4 条记录），全角时则不同（如上例中返回结果中的其余记录）。

2）去空格函数

（1）LTRIM（）

功能：把字符串头部的空格去掉。

（2）RTRIM（）

功能：把字符串尾部的空格去掉。

3）取子串函数

（1）LEFT（）

语法格式：LEFT（＜character_expression＞，＜integer_expression＞）

功能：返回 character_expression 左起 integer_expression 个字符。

（2）RIGHT（）

语法格式：RIGHT（＜character_expression＞，＜integer_expression＞）

功能：返回 character_expression 右起 integer_expression 个字符。

（3）SUBSTRING（）

语法格式：SUBSTRING（＜expression＞，＜starting_position＞，length）

功能：返回从字符串左边第 starting_position 个字符起 length 个字符的部分。

【例 8－10】　取子串函数举例。代码如下：

```
USE EDUC
SELECT TOP 5 SID,LEFT(SID,4)AS A,
SUBSTRING(SID,5,3)AS B,
RIGHT(SID,3)AS C FROM Student
```

执行的部分结果如图 8－13 所示。

4）字符串查找相关函数

（1）LEN（）

语法格式：LEN（＜expression＞）

功能：返回 expression 字符串的长度，不计算字符串尾部的空格。

	SID	A	B	C
1	2020059999	2020	059	999
2	2020051002	2020	051	002
3	2020051003	2020	051	003
4	2020051005	2020	051	005
5	2020051006	2020	051	006

图 8－13　取子串函数 LEFT（）、SUBSTRING（）、RIGHT（）的应用

（2）CHARINDEX（）

语法格式：CHARINDEX（＜'substring_expression'＞，＜expression＞，［start］）

功能：返回字符串 expression 中子串 substring_expression 出现的开始位置。如果没有发现子串，则返回 0。

说明：start 为可选参数，用于指定查找的起始位置，若未指定默认从字符串的开始位置查找，此函数不能用于 text 和 image 数据类型。

（3）PATINDEX（）

语法格式：PATINDEX（＜'％pattern％'＞，＜expression＞）

功能：返回字符串 expression 中子串 pattern 出现的开始位置。

说明：子串表达式前后必须有百分号"%"，否则返回值为0。与CHARINDEX()函数不同的是，PATINDEX()函数的子串中可以使用通配符，而且可用于char、varchar和text数据类型。

【例8-11】 字符串查找函数举例。代码如下：

```
USE Library
GO
SELECT Bname AS Bookname,LEN(Bname)AS LengthBookName,
CHARINDEX('Java',Bname)AS CharIndexBookname,
PATINDEX('% J__a%',Bname)AS PatIndexBookName
FROM Book WHERE BID ='TP311 -011'
```

执行结果如图8-14所示。

	Bookname	LengthBookName	CharIndexBookname	PatIndexBookName
1	Java信息系统设计与开发实例	15	1	1

图8-14 函数 LEN()、CHARINDEX()、PATINDEX()的应用

提示：上例中使用了 CHARINDEX()、PATINDEX()两个函数查找相同字符串"Java"在书名中出现的开始位置，其中PATINDEX()中使用了两个"_"通配符构造出查询样式'%J__a%'，这里也可以用一个"%"通配符来替换，形如'%J%a%'。其中通配符"_"用来匹配单个字符，而通配符"%"可以用来匹配任意字符串。

5）字符串操作函数

（1）QUOTENAME()

语法格式：QUOTENAME（<'character_expression'> [，quote_character]）

功能：返回被特定字符括起来的字符串。其中 quote_character 标明被括字符串所用的字符，缺省值为"[]"。

（2）REPLICATE()

语法格式：REPLICATE(character_expression integer_expression)

功能：返回一个重复 character_expression 指定次数的字符串。其中 integer_expression 用来指定重复次数，如果为负值，则返回 NULL。

（3）REVERSE()

语法格式：REVERSE（<character_expression>）

功能：将指定的字符串的字符排列顺序颠倒。其中 character_expression 可以是字符串、常数或一个列的值。

（4）REPLACE()

语法格式：REPLACE（<string1>，<string2>，<string3>）

功能：返回被替换了指定子串的字符串。用 string3 替换在 string1 中的子串 string2。

（5）SPACE()

语法格式：SPACE （＜integer_expression＞）

功能：返回一个有指定长度的空白字符串。integer_expression 用来指定长度，若为负值，则返回 NULL。

（6）STUFF( )

语法格式：STUFF （＜string1＞，＜start_position＞，＜length＞，＜string2＞）

功能：用另一子串替换字符串指定位置、长度的子串。start_position 为起始位置，length 为替换的长度，string1 是要被替换的字符串，string2 是用于替换的字符串。若起始位置为负或长度值为负，或者起始位置大于 string1 的长度，则返回 NULL。

【例 8 – 12】 字符串操作函数举例。代码如下：

```
USE Library
GO
SELECT
Bname AS BookName,
REPLACE(Bname,'SQL Server 2005','SQL')AS ReplaceName,
STUFF(Bname,1,15,'数据库')AS StuffName,
REVERSE(Bname)AS ReverseNum,
REPLICATE(0,5)AS ReplicateNum,
Bname + SPACE(4) +'OK' AS SpaceName
FROM Book WHERE BID ='TP392 –03'
```

执行结果如图 8 – 15 所示。

	BookName	ReplaceName	StuffName	ReverseNum	ReplicateNum	SpaceName	
1	SQL Server 2005应用教程	SQL应用教程	数据库应用教程	程教用应5002 revreS LQS	00000	SQL Server 2005应用教程	OK

图 8 – 15　**REPLACE( )、STUFF( )、REVERSE( )、REPLICATE( )、SPACE( )** 函数的应用

4. 数据类型转换函数

1）CAST( )

语法格式：CAST(＜expression＞ AS ＜data_type＞ [(length)])

功能：将表达式 expression 的类型转换为 data_type 指定的数据类型，其中 expression 可以是任何有效的 SQL Server 表达式；data_type 为 SQL Server 系统定义的数据类型，用户自定义的数据类型不能在此使用；length 为 nchar、nvarchar、char、varchar、binary 或 varbinary 数据类型的可选参数，用于指定数据的长度，缺省值为 30。

2）CONVERT( )

语法格式：CONVERT （＜data_type＞ [(length)]，＜expression＞ [，style])

功能：将表达式 expression 的类型转换为 data_type 指定的数据类型，data_type、length、expression 参数的含义与 CAST( )函数相同，style 是将 datetime 和 smalldatetime 数据转换为字符串时所选用的可选参数，是由 SQL Server 系统提供的转换样式编号，用来以不同的格式显示日期和时间，不同的样式编号有不同的输出格式。style 常用取值含义见表 8 - 5，给 style 值加 100，可获得 4 位年份（yyyy），否则是一般是 2 位年份。

表 8 - 5　参数 style 常用取值及对应的输出格式

取值	输出格式
0，默认值	mm dd yyyy hh：mi AM（或 PM）
0，默认值	mm dd yyyy hh：mi AM（或 PM）
1	mm/dd/yyyy
2	yy. mm. dd
3	dd/mm/yy
4	dd. mm. yy
5	dd - mm - yy
6	dd mm yy
7	mm dd，yy
8	hh：mm：ss
9	mm dd yyyy hh：mi：ss：mmm AM（或 PM）
10	mm - dd - yy
11	yy/mm/dd
12	yymmdd
13	dd mm yyyy hh：mm：ss：mmm（24 h）
14	hh：mi：ss：mmm（24 h）
20	yyyy - mm - dd hh：mm：ss
21	yyyy - mm - dd hh：mm：ss. mmm
126	yyyy - mm - dd Thh：mm：ss. mmm（不含空格）
130	dd mm yyyy hh：mm：ss：mmmAM
131	dd/mm/yy hh：mm：ss：mmmAM

【例 8 - 13】　字符串类型转换函数举例。代码如下：

```
USE EDUC
GO
DECLARE @Score decimal(5,1),@no char(10),@date datetime
SELECT @ score = Score FROM SC WHERE SID = '2020050001' AND CID = '16020010'
```

```
SELECT @no = SID FROM SC WHERE SID ='2020050001' AND CID ='16020010'
SELECT @date = Birthday FROM Student WHERE SID ='2020050001'
SELECT decimalscore = @score,intscore = CAST(@score AS int),
--把查询到的带 1 位小数的学生成绩转换成整数
        originalSID = @no,convertSID = CONVERT(char(8),@no),
        --把查询到的学生 10 位的学号转换成 8 位的字符串,多余位数被截断
         Birthday = @date,convertBirthday = CONVERT(varchar(100),
@date,1)
        --把查询到的学生出生日期转换成特定格式的字符串
```

执行结果如图 8-16 所示。

图 8-16 CAST( )、CONVERT( )函数的应用

5. 数学函数

大多数情况下在数据库中检索到的数据在使用时需要用数学函数进行处理,下面介绍一些常用的数学函数,见表 8-6。

表 8-6 常用的数学函数

序号	数学函数	功能
1	ABS(数值表达式)	返回表达式的绝对值(正值)
2	ACOS(浮点表达式)	返回浮点表达式的反余弦值(单位为弧度)
3	ASIN(浮点表达式)	返回浮点表达式的反正弦值(单位为弧度)
4	ATAN(浮点表达式)	返回浮点表达式的反正切值(单位为弧度)
5	ATAN2(浮点表达式 1, 浮点表达式 2)	返回浮点表达式 1/浮点表达式 2 的反正切值
6	SIN(浮点表达式)	返回浮点表达式的三角正弦值(单位为弧度)
7	COS(浮点表达式)	返回浮点表达式的三角余弦值
8	TAN(浮点表达式)	返回浮点表达式的正切值(单位为弧度)
9	COT(浮点表达式)	返回浮点表达式的三角余切值
10	DEGREES(数值表达式)	将弧度转换为度
11	RADLANS(数值表达式)	将度转换为弧度, DEGREES( )函数的反函数
12	EXP(浮点表达式)	返回数值的指数形式
13	CEILLNG(数值表达式)	返回大于等于数值表达式的最小整数值

序号	数学函数	功能
14	FLOOR（数值表达式）	返回小于等于数值表达式的最大整数值
15	LOG（浮点表达式）	返回数值的自然对数值
16	LOG10（浮点表达式）	返回以 10 为底浮点数的对数
17	PI（）	返回 π 的值 3. 141 592 653 589 793
18	POWER（数值表达式，幂）	返回数字表达式值的指定次幂的值
19	RAND（[整数表达式]）	返回 0~1 的随机浮点数，整数表达式为可选参数，用于指定随机种子，也可以不用
20	ROUND（数值表达式，整数表达式）	将数值表达式四舍五入为整型表达式所给定的小数位数所在的精度
21	SIGN（数值表达式）	符号函数，正数返回 1，负数返回 – 1，0 返回 0
22	SQUARE（浮点表达式）	返回浮点表达式的平方
23	SQRT（浮点表达式）	返回浮点表达式的平方根

【例 8 –14】 使用 ROUND（）函数返回表 "Book" 中出版社为 "人民邮电出版社" 的图书的平均价格。代码如下：

```
USE Library
GO
SELECT CAST(ROUND(AVG(Price),2) AS decimal(7,2))
FROM Book WHERE PubComp ='人民邮电出版社'
```

执行结果如图 8 –17 所示。

6. 其他常用函数

除了以上列出的函数之外，SQL Server 2019 中还有一些常用函数，归纳如下：

图 8 – 17　ROUND（）
函数的应用

（1）ISDATE（＜expression＞）：函数判断所给定的表达式是否为合理日期。

（2）ISNULL（＜check_expression＞，＜replacement_value＞）：如果表达式 check_expression 不为 NULL，那么返回该表达式 check_expression；否则返回替换值 replacement_value。check_expression 是将被检查是否为 NULL 的表达式，可以是任何类型的表达式；replacement_value 是在 check_expression 为 NULL 时将替代返回的表达式。replacement_value 必须与 check_expression 具有相同的类型。

（3）ISNUMERIC（＜expression＞）：函数判断所给定的表达式是否为合理的数值。

（4）NEWID（ ）：返回一个 uniqueidentifier 类型的数值。

（5）NULLIF（＜expression1＞，＜expression2＞）：在 expression1 与 expression2 相等时返回 NULL，若不相等则返回 expression1 的值。

8.2.4　运算符

运算符是用来执行列、常量或变量之间的数学运算和比较操作的，在 T－SQL 语言中的运算符分为算术运算符、位运算符、比较运算符、逻辑运算符、连接运算符和赋值运算符等。

1. 算术运算符

算术运算符用于执行数值型表达式的算术运算。

（1）＋：加或正号；

（2）－：减或负号；

（3）＊：乘；

（4）/：除；

（5）%：取模，返回两个整数相除的余数。

说明：＋、－、＊、/运算符支持所有数值类型表达式的运算，如 int、smallint、tinyint、numeric、decimal、float、real、money、smallmoney 等，而%运算符只支持整型表达式的运算，如 int、smallint、tinyint 等。

2. 位运算符

位运算符对整数或二进制数据进行按位逻辑运算。

（1）&：与；

（2）｜：或；

（3）^：异或；

（4）~：求反。

说明：求反运算（~）是一个单目运算，只能对 int、smallint、tinyint 或 bit 类型的数据进行求反运算。

3. 比较运算符

在 T－SQL 语言中，比较运算符能够进行除 text、ntext 和 image 数据类型之外的其他数据类型表达式的比较操作。

（1）＞：大于；

（2）＝：等于；

（3）＜：小于；

（4）＞=、＜=：大于等于、小于等于；

（5）＜＞、!=：不等于；

（6）! >：不大于；

（7）! <：不小于。

说明：比较运算表达式的返回值为布尔数据类型，即 true、false。

4. 逻辑运算符

逻辑运算符用于测试条件是否为真，根据测试结果返回布尔值 ture、false 或 unknown，unkown 是由值为 NULL 的数据参与逻辑运算得出的结果。

（1）AND：对两个布尔表达式的值进行逻辑与运算，只有当两个表达式均为 true 时返回 true；如果有 NULL 参与逻辑与（AND）运算，其结果为 unkown；其余情况结果为 false。

（2）OR：对两个布尔表达式的值进行逻辑或运算，只要其中一个表达式的条件为 true，结果便返回 true。如果其中有一个为 false，另一个为 unknown，或两个都为 unknown，返回 unknown，其余返回 false。

（3）NOT：对布尔表达式的值进行取反运算，当其值为 true 时，返回值为 false；当其值为 false 时，返回值为 true；当其值为 unknown 时，返回值为 unknown。

5. 其他常用运算符

（1）字符串连接符 " + "：实现字符串之间的连接操作，以得到新的字符串。

（2）赋值运算符 " = "：将表达式的值赋给一个变量，或为某列指定列标题。

运算符的优先级：不同等级运算符的优先级见表 8 - 7，相同等级的运算符同时出现时，从左到右依次处理。

表 8 - 7　运算符优先级

优先级	运算符
1（优先级最高）	+（正）、-（负）、~（求反）
2	*（乘）、/（除）、%（模）
3	+（加）、（+串联）、-（减）
4	=，＞，＜，＞=，＜=，＜＞,! =,! ＞,! ＜比较运算符
5	^（位异或）、&（位与）、｜（位或）
6	NOT
7	AND
8	ALL、ANY、BETWEEN、IN、LIKE、OR、SOME
9（优先级最低）	=（赋值）

说明：运算符的优先级可以通过使用括号"（ ）"进行改变。

8.3　任务 3：认识流程控制语句

任务目标

- 理解流程控制语句的作用。
- 熟练掌握 IF⋯ELSE⋯、WHILE、CASE 语句的控制流程和用法。
- 熟练掌握 GOTO、WAITFOR 和 RETURN 语句的用法。

流程控制语句是指用来控制程序执行和流程分支的语句，在 SQL Server 中，流程控制语句主要用来控制 T – SQL 语句、语句块或者存储过程的执行流程。

8.3.1　顺序语句

顾名思义，顺序语句实际上是指顺序结构控制的语句，就是指按照语句在程序中书写的先后次序逐条顺次执行。上述操作运算语句即顺序语句，包括表达式语句、输入/输出语句等。下面为读者介绍几个顺序语句。

1. SET 语句

SET 语句有两种用法，除了用于给局部变量赋值之外，还可以用于设定用户执行 T – SQL 命令时 SQL Server 的处理选项，一般有以下几种设定方式：

（1）SET 选项 ON：选项开关打开；

（2）SET 选项 OFF：选项开关关闭；

（3）SET 选项值：设定选项的具体值。

SET 语句常用的设置选项见表 8 – 8。

表 8 – 8　SET 语句常用的设置选项

序号	选项	说明
1	XACT_ABORT	语法：SET XACT_ABORT ｛ ON ｜ OFF ｝ 功能：当 SET XACT_ABORT 为 ON 时，如果 T – SQL 语句产生运行时错误，整个事务将终止并回滚。为 OFF 时，只回滚产生错误的 T – SQL 语句，而事务将继续进行处理。编译错误（如语法错误）不受 SET XACT_ABORT 的影响
2	ROWCOUNT	语法：SET ROWCOUNT ｛ number ｜ @ number_var ｝ 功能：使 SQL Server 在返回指定的行数之后停止处理查询。number ｜ @ number_var 是在停止给定查询之前要处理的行数（整数）

序号	选项	说明
3	NOCOUNT	语法：SET NOCOUNT｛ON｜OFF｝ 功能：使返回的结果中不包含有关受 T‒SQL 语句影响的行数的信息。当 SET NOCOUNT 为 ON 时，不返回计数（表示受 T‒SQL 语句影响的行数）。当 SET NOCOUNT 为 OFF 时，返回计数
4	DEADLOCK_PRIORITY	语法：SET DEADLOCK_PRIORITY｛LOW｜NORMAL｜@ deadlock_var｝ 功能：控制在发生死锁情况时会话的反应方式。LOW 指定当前会话为首选死锁牺牲品，SQL Server 自动回滚死锁牺牲品的事务，并给客户端应用程序返回 1205 号死锁错误信息。NORMAL 指定会话返回到默认的死锁处理方法。@ deadlock_var 是指定死锁处理方法的字符变量。如果指定 LOW，则@ deadlock_var 为 3；如果指定 NORMAL，则@ deadlock_var 为 6
5	LOCK_TIMEOUT	语法：SET LOCK_TIMEOUT timeout_period 功能：指定语句等待锁释放的毫秒数。timeout_period 是在 SQL Server 返回锁定错误前经过的毫秒数。值为‒1（默认值）时表示没有超时期限（即无限期等待）。当锁等待超过超时值时，将返回错误。值为 0 时表示根本不等待，并且一遇到锁就返回信息。可以使用全局变量@ @ LOCK_TIMEOUT 返回当前会话的当前锁超时设置，单位为毫秒

2. SELECT 语句

SELECT 语句除了作为查询语句以外，也可以作为输出语句使用，它作为输出语句时的语法如下：

```
SELECT 表达式 1,表达式 2,…,表达式 n
```

3. PRINT 语句

PRINT 语句是专门的输出语句，其语法格式如下：

```
PRINT 表达式
```

说明：SELECT 语句和 PRINT 语句都可以作为输出语句使用，但两者是有区别的：

（1）SELECT 语句可以输出任意的 SQL Server 数据类型、字段、标量函数等。

（2）PRINT 语句只能用于输出字符型数据，如：字符串或 Unicode 字符串常量、任何有效的字符数据类型（char 或 varchar）的变量、能够隐式转换为这些数据类型的变量或者返回值为字符串的表达式。PRINT 语句输出的字符串最大长度为 8 000 个字符，超过该值以后的任何字符会被截断。

8.3.2 IF…ELSE 语句

在介绍流程控制语句之前，首先介绍一下什么是语句块。一个语句块以 BEGIN 语句开始，以 END 语句作为终止，中间可以包含若干条 T – SQL 语句。语句块在流程控制语句之中是作为一个整体的逻辑单元一起执行的，语法格式如下：

```
BEGIN
    语句 1
    语句 2
    …
    语句 n
END
```

IF…ELSE 语句是条件判断语句，其中，ELSE 子句是可选的，最简单的 IF 语句没有 ELSE 子句部分。IF…ELSE 语句用来判断当某一条件成立时执行某段程序，条件不成立时执行另一段程序。SQL Server 允许嵌套使用 IF…ELSE 语句，而且嵌套层数没有限制。IF…ELSE 语句的语法格式如下：

```
IF <逻辑表达式 >
    语句或语句块              --逻辑表达式为真时执行
[ELSE                       --ELSE 子句为可选
    语句或语句块]            --逻辑表达式为假时执行
```

若有多条语句，则使用语句块，其语法格式如下：

```
IF <逻辑表达式 >
    BEGIN
        语句 1
        语句 2
        …
    END
[ELSE  …]
```

【例 8 – 15】 使用 IF…ELSE 语句判断学生成绩表 "SC" 中，"C 语言程序设计" 这门课程有没有成绩高于 90 分的学生，如果有则统计成绩高于 90 分的学生人数，如果没有就打印 "成绩不理想!"。

```
USE EDUC
GO
DECLARE @no int
IF EXISTS(SELECT * FROM SC INNER JOIN Course
          ON SC.CID = Course.CID
          WHERE Cname = 'C 语言程序设计' AND Score >= 90)
  BEGIN
    SELECT @no = COUNT( * ) FROM  SC INNER JOIN Course
              ON SC.CID = Course.CID
              WHERE Cname = 'C 语言程序设计' AND Score >= 90
      PRINT '"C 语言程序设计"高于 90 分的学生人数为:' + CAST(@no AS char(2))
  END
ELSE
  PRINT '成绩不理想!'
```

执行效果如图 8 - 18 所示。

> 📧 消息
> "C语言程序设计"高于90分的学生人数为:1

图 8 - 18 "C 语言程序设计" 课程成绩在 90 分以上的学生人数统计

8.3.3 WHILE 语句

WHILE 语句用于设置重复执行 T - SQL 语句或语句块的条件。只要指定的条件为真，就重复执行语句，可以使用 BREAK 和 CONTINUE 关键字在循环内部控制 WHILE 循环中语句的执行。其语法格式如下：

WHILE 语句

```
WHILE   <逻辑表达式>    --逻辑表达式为真时循环
BEGIN
      语句或语句块
      [BREAK]           --终止整个循环语句的执行
      [CONTINUE]        --终止本次循环体的执行,继续下一次循环
END
```

其中，CONTINUE 语句可以使程序跳过 CONTINUE 语句后面的语句，回到 WHILE 循环的第一行命令，继续下一次循环。BREAK 语句则使程序完全跳出循环，结束 WHILE 语句的执行。

说明：WHILE 循环可以嵌套，如果嵌套了两个或多个 WHILE 循环，则内层的 BREAK 语句将退出到下一个外层循环，将首先运行内层循环结束之后的所有语句，然后重新开始下

一个外层循环。

【例 8－16】　使用 WHILE 语句对图书价格进行调整，如果图书平均价格低于 40 元，则循环每次使每本图书价格增加 1 元，直到所有图书的平均价格大于 40 元或者有的图书价格超过 100 元为止。代码如下：

```
USE Library
GO
－－根据是否存在图书的平均价格低于 40 元而确定循环是否继续执行
WHILE (SELECT AVG(Price) FROM Book) <40
BEGIN                                          －－循环开始
UPDATE Book Set Price = Price +1
－－如果有的图书的价格已经超过了 100 元,则跳出循环
IF (SELECT MAX(Price) FROM Book) >100
 BREAK
ELSE
 CONTINUE
END                                            －－循环结束
```

执行前的图书信息表 "Book" 如图 8－19 所示。

BID	Bname	Author	PubComp	PubDate	Price	ISBN	Class
G448-01	教育心理学	斯莱文	人民邮电出版社	2011-04-01	78.0000	7-115-24710-2	教育类
G455-01	大学生创新能力开发与应用	何静	同济大学出版社	2011-04-06	32.0000	7-560-84516-0	教育类
TP311-011	Java信息系统设计与开发实例	黄明	机械工业出版社	2004-01-01	22.0000	7-111-14186-5	计算机类
TP311-012	Java信息管理系统开发	求是科技	人民邮电出版社	2005-04-01	34.0000	7-115-13214-3	计算机类
TP311-051	软件工程	张海藩	人民邮电出版社	2003-07-01	27.0000	7-115-11258-4	计算机类
TP311-052	软件工程案例开发与实践	刘竹林	清华大学出版社	2009-08-01	29.0000	7-81123-508-1	计算机类
TP392-01	数据库系统概论	萨师煊	高等教育出版社	2000-08-01	25.0000	7-04-007494-1	计算机类
TP392-02	数据库应用技术（SQL Server 2005）	周慧	人民邮电出版社	2009-03-01	29.0000	7-115-19345-2	计算机类
TP392-03	SQL Server 2005应用教程	梁庆枫	北京大学出版社	2010-08-01	25.0000	7-301-17605-4	计算机类
TP945-08	计算机组装与维护	孙中胜	中国铁道出版社	2003-07-01	24.0000	7-113-05287-8	计算机类

图 8－19　图书价格更新前

执行后的图书信息表 "Book" 如图 8－20 所示。

8.3.4　其他控制语句

1. WAITFOR 语句

WAITFOR 语句用于暂时停止执行 T－SQL 语句、语句块或者存储过程等，直到所设定的时间已过或者所设定的时间已到才继续执行，其语法格式如下：

```
WAITFOR { DELAY'延迟时间'|TIME'到达时间'}
```

BID	Bname	Author	PubComp	PubDate	Price	ISBN	Class
G448-01	教育心理学	斯莱文	人民邮电出版社	2011-04-01	86.0000	7-115-24710-2	教育类
G455-01	大学生创新能力开发与应用	何静	同济大学出版社	2011-04-06	40.0000	7-560-84516-0	教育类
TP311-011	Java信息系统设计与开发实例	黄明	机械工业出版社	2004-01-01	30.0000	7-111-14186-5	计算机类
TP311-012	Java信息管理系统开发	求是科技	人民邮电出版社	2005-04-01	42.0000	7-115-13214-3	计算机类
TP311-051	软件工程	张海藩	人民邮电出版社	2003-07-01	35.0000	7-115-11258-4	计算机类
TP311-052	软件工程案例开发与实践	刘竹林	清华大学出版社	2009-08-01	37.0000	7-81123-508-1	计算机类
TP392-01	数据库系统概论	萨师煊	高等教育出版社	2000-08-01	33.0000	7-04-007494-1	计算机类
TP392-02	数据库应用技术（SQL Server 2005）	周慧	人民邮电出版社	2009-03-01	37.0000	7-115-19345-2	计算机类
TP392-03	SQL Server 2005应用教程	梁庆枫	北京大学出版社	2010-08-01	33.0000	7-301-17605-4	计算机类
TP945-08	计算机组装与维护	孙中胜	中国铁道出版社	2003-07-01	32.0000	7-113-05287-8	计算机类

图 8-20　图书价格更新后

其中，DELAY 用于指定时间间隔，即可以继续执行批处理、存储过程或事务之前必须经过的指定时段，最长可为 24 小时。TIME 用于指定某一时刻，即运行批处理、存储过程或事务的时间。'延迟时间'和'到达时间'必须为日期型数据，可以为 datetime 数据可接受的格式之一。

【例 8-17】　WAITFOR 语句实验。代码如下：

```
USE EDUC
GO
WAITFOR DELAY '00:00:03'        --指定在执行 SELECT 语句之前需要等待的秒数
SELECT * FROM Student WHERE Specialty ='软件技术'      --到达等待时间之
后执行查询
```

执行结果请读者上机观察。

2. GOTO 语句

GOTO 语句可以使程序直接跳到指定的标有标识符的位置处继续执行，而位于 GOTO 语句和标识符之间的程序将不会被执行。GOTO 语句和标识符可以用在语句块、批处理和存储过程中，标识符可以为数字与字符的组合，但必须以"："结尾，如"a1："。在 GOTO 语句行，标识符后面不用跟"："。GOTO 语句的语法格式如下：

```
GOTO  label(标识符名称)
...
label:
```

【例 8-18】　GOTO 语句实验：利用 GOTO 语句求出从 1 加到 5 的总和。代码如下：

```
DECLARE @sum int,@count int
SELECT @sum =0,@count =1
label_1:                        --定义标识符
SET @sum = @sum + @count
SET @count = @count +1
```

```
IF @count <=5
GOTO label_1                 --GOTO 语句跳转到 label_1 处执行
SELECT @count,@sum
```

执行结果如图 8 – 21 所示。

说明：在使用中应尽可能避免使用 GOTO 语句，因为过多的 GOTO 语句可能会造成 T – SQL 语句的逻辑混乱而难以理解，影响程序的可读性。另外，标签仅标示了跳转的目标，它并不隔离其前后的语句。只要标签前面的语句本身不是流程控制语句，标签前后的语句将按照顺序正常执行，就如同没有使用标签一样。

	(无列名)	(无列名)
1	6	15

图 8 – 21　GOTO 语句的应用

3. RETURN 语句

RETURN 语句用于结束当前程序的执行，返回到上一个调用它的程序或其他程序，其语法格式如下：

```
RETURN   整数值或变量
```

说明：RETURN 语句要指定返回值，如果没有指定返回值，SQL Server 系统会根据程序执行的结果返回一个内定值。RETURN 语句的执行是即时且完全的，可在任何时候用于从过程、批处理或语句块中退出，RETURN 语句之后的语句将不会被执行。如果用于存储过程，则 RETURN 不能返回空值。具体 RETURN 语句在存储过程中的应用可以参见第 9 章。

8.3.5　CASE( ) 函数

CASE( )函数可以计算多个条件式，并将其中一个符合条件的结果表达式返回，相当于多重 IF 语句及 IF 语句的嵌套，但是条理更加清晰。CASE( )函数按照使用形式的不同，可以分为简单 CASE( )函数和搜索 CASE( )函数，两者可以实现相同的功能。简单 CASE( )函数的写法相对比较简洁，但是和搜索 CASE( )函数相比，在功能方面会有些限制。

CASE( )函数

1. 简单 CASE( ) 函数

其语法格式如下：

```
CASE <输入表达式 >
        WHEN <表达式的值 1 >THEN 结果 1
        WHEN <表达式的值 2 >THEN 结果 2
...
        [ELSE 其他结果]

END
```

功能：计算 CASE 输入表达式，将其值按指定顺序与 WHEN 表达式的值进行比较运算，当 CASE 输入表达式的值等于 WHEN 表达式的值时，函数得到第一个满足条件的 THEN 返回的结果值。如果比较运算结果都不为真，则函数返回 ELSE 后的表达式的值，如果省略此参数并且比较运算的计算结果都不为真，函数将返回 NULL。

【例 8 - 19】 简单 CASE() 函数举例。根据学生成绩表"SC"中的学生成绩，显示对应的五级制中的等级。代码如下：

```
USE EDUC
GO
SELECT SID,CID,Score,等级 =
CASE CAST(Score/10 AS int)
        WHEN 10 THEN 'A'
        WHEN 9 THEN 'A'
        WHEN 8 THEN 'B'
        WHEN 7 THEN 'C'
        WHEN 6 THEN 'D'
        ELSE 'E'
END
FROM SC
```

执行结果如图 8 - 22 所示。

2. 搜索 CASE() 函数

其语法格式如下：

```
CASE
            WHEN 条件 1 THEN 结果 1
            WHEN 条件 2 THEN 结果 2
    ...
            [ELSE 其他结果]
END
```

功能：按指定顺序对每个 WHEN 子句求逻辑表达式的值，当计算结果为真时，函数得到第一个满足条件的 THEN 返回的结果值。如果运算结果都不为真，则函数返回 ELSE 后的结果值。如果省略 ELSE 并且计算结果都不为真，函数将返回 NULL。

说明：搜索 CASE() 函数语法格式中所计算的逻辑表达式可以是任何有效的布尔表达式。

【例 8 - 20】 搜索 CASE() 函数举例。根据学生成绩表"SC"中的学生成绩，显示对应的五级制中的等级。代码如下：

```
USE EDUC
GO
SELECT SID, CID,Score,等级 =
CASE
    WHEN Score >=90 THEN 'A'
    WHEN Score BETWEEN 80 AND 89 THEN 'B'
    WHEN Score BETWEEN 70 AND 79 THEN 'C'
    WHEN Score BETWEEN 60 AND 69 THEN 'D'
    ELSE 'E'
END
FROM SC
```

执行结果同例 8 - 19，如图 8 - 22 所示。

	SID	CID	Score	等级
1	2020059999	16020010	96	A
2	2020059999	16020011	80	B
3	2020051002	16020012	78	C
4	2020051002	16020013	87	B
5	2020051002	16020014	85	B
6	2020051003	16020014	89	B
7	2020051003	16020015	90	A
8	2020051202	16020010	67	D
9	2020051002	16020014	89	B

图 8 - 22　成绩从百分制转换成五级制

说明：CASE( )函数只返回第一个符合条件的值，剩下的 CASE 部分将被自动忽略。

8.4　任务 4：认识批处理

任务目标

● 理解批处理的概念及用途。

● 掌握批处理的用法。

认识批处理

批处理是 T - SQL 语句集合的逻辑单元。批处理中的所有语句被整合成一个执行计划。一个批处理内的所有语句要么被放在一起通过解析并执行，要么一句都不执行。

1. 批处理的概念

批处理是指包含一条或多条 T - SQL 语句的语句组，这组语句从应用程序一次性地发送到 SQL Server 服务器执行，SQL Server 服务器将批处理语句编译成一个执行单元，然后作为一个整体来执行。

说明：

（1）若批处理中的某条语句编译出错，则批处理中的任何语句都无法执行；若程序运行出错，则视情况而定。

（2）为了将脚本分成多个批处理，需要使用 GO 语句。书写批处理时，GO 语句作为批处理命令的结束标志，当编译器读取到 GO 语句时，会把 GO 语句前的所有语句当作一个批处理，并将这些语句打包发送给 SQL Server 服务器。

（3）GO 语句本身不是 T－SQL 语句的组成部分，它只是一个被编辑工具（SSMS）识别的命令。

2. 批处理的用途

批处理有多种用途，但常被用在某些事情不得不放在前面发生，或者不得不和其他事情分开的脚本中。例如，大多数 CREATE 命令都需要在单个批处理命令中执行，包括 CREATE DEFAULT、CREATE PROCEDURE、CREATE RULE、CREATE TRIGGER、CREATE VIEW 等，但 CREATE DATABASE、CREATE TABLE、CREATE INDEX 例外。

【例 8－21】 必须单独使用批处理的情况举例。代码如下：

```
USE Library
GO
CREATE VIEW AAA
AS
SELECT * FROM Book WHERE PubComp = '人民邮电出版社'
SELECT * FROM Book
```

执行结果如图 8－23 所示。

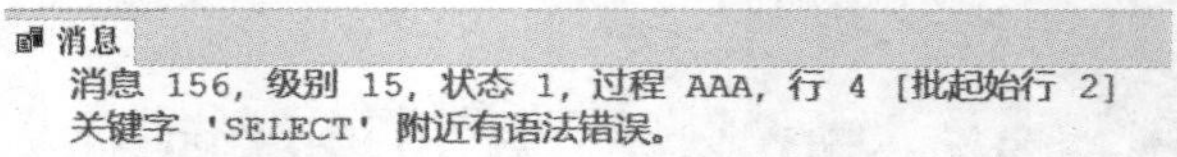

消息
消息 156，级别 15，状态 1，过程 AAA，行 4 [批起始行 2]
关键字 'SELECT' 附近有语法错误。

图 8－23 单独使用批处理的应用

从上例可以看到，由于 CREATE VLEW 必须作为单个批处理执行，即必须是一个批处理中的唯一语句，而本例中 CREATE VIEW 和后面的 SELECT 查询语句共同构成一个批处理，所以程序报语法错误。要解决这一语法错误，只需要用 GO 命令将 CREATE VIEW 与其上、下的语句（USE 和 SELECT）隔离即可，程序修改后的形式如下：

```
USE Library
GO
CREATE VIEW AAA
AS
SELECT * FROM Book WHERE PubComp = '人民邮电出版社'
GO
SELECT * FROM Book
```

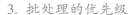

3. 批处理的优先级

有时候程序需要考虑语句执行的优先顺序，即前一个任务必须被执行之后，后面的任务才能执行，这时候就需要考虑批处理的先后顺序问题。看下面的例子：

```
CREATE DATABASE AAA
USE AAA
CREATE TABLE Test1
(col1 int,
col2 int)
```

以上语句不能正确执行，因为在执行语句"USE AAA"时，必须需要前面一条语句"CREATE DATABASE AAA"被执行，而要让创建数据库的命令在"USE AAA"时被执行，必须为前面一个语句创建批处理。修改之后的语句如下：

```
CREATE DATABASE AAA
GO
USE AAA
CREATE TABLE Test1
(col1 int,
col2 int)
```

以上语句经测试能够正确执行。

4. 建立批处理的注意事项

（1）CREATE DEFAULT、CREATE RULE、CREATE TRIGGER 和 CREATE VIEW 等语句在同一个批处理中只能提交一个。

（2）不能在删除一个对象之后，在同一批处理中再次引用这个对象。

（3）不能把规则和默认值绑定到表字段或者自定义字段上之后，立即在同一批处理中使用。

（4）不能定义一个 CHECK 约束之后，立即在同一个批处理中使用。

（5）不能修改表中一个字段名之后，立即在同一个批处理中引用这个新字段。

（6）使用 SET 语句设置的某些 SET 选项不能应用于同一个批处理中的查询。

（7）若批处理中第一个语句是执行某个存储过程的 EXECUTE 语句，则 EXECUTE 关键字可以省略。若该语句不是第一个语句，则必须写上 EXECUTE 关键字。

【例 8－22】　批处理编译出错举例。代码如下：

```
USE EDUC
SELECT * FORM Student    －－此处有 FORM 语法错误,未通过编译
GO
```

执行结果如图 8－23 所示。

从上例可以看出，第二条语句的语法错导致编译未通过，批处理中所以语句都无法执行，可以看到现在数据库仍然是 master，证明第一条语句也没能执行。

【**例 8 – 23**】 批处理运行出错举例。代码如下：

```
USE EDUC
SELECT * FROM STU    -- 此处表"STU"不存在,未通过运行
GO
```

执行结果如图 8 – 24 所示。

> **消息**
> 消息 102，级别 15，状态 1，第 2 行
> "form"附近有语法错误。

图 8 – 23 批处理编译出错举例

> **消息**
> 消息 208，级别 16，状态 1，第 2 行
> 对象名 'STU' 无效。

图 8 – 24 批处理运行出错举例

从上例可以看出，程序无语法错误，所以编译是成功的，只是表"STU"不存在，导致运行出错。虽然运行出错，但是数据库已经变成了 EDUC，说明批处理中的第一条语句是成功执行的，只是第二条语句由于找不到表"STU"而无法执行。

8.5 任务 5：认识事务

任务目标

- 理解事务的相关概念。
- 理解事务处理的用途及工作原理。
- 掌握事务语句的用法。

事务（Transaction）是并发控制的单位，是用户定义的一个操作序列。这些操作要么都做，要么都不做，是一个不可分割的工作单位。通过事务，SQL Server 能将逻辑相关的一组操作绑定在一起，以便服务器保持数据的完整性。例如，在一次借书登记的过程中，需要同时完成多个操作，包括修改读者已借图书总数、添加一条新的借书信息等。如果在登记过程中突然停电，可能只完成了前一步操作，而后面的操作没有完成，导致数据不一致。使用事务处理就可以较好地避免这种问题。

8.5.1 事务的概念

1. 事务的概念

事务是一种机制以及一种操作序列，它包含了一组数据库操作命令，这些命令作为一个整体一起向系统提交或撤销，要么全部执行，要么全部不执行。因此事务是一个不可分割的工作逻辑单元。在数据库系统上执行并发操作时，事务是作为最小的控制单元使用的。这特别适用于多用户同

认识事务

时操作的数据通信系统，例如订票、银行、保险公司以及证券交易系统等。

2. 事务的四大属性（ACID）

（1）原子性（Atomicity）：事务是一个完整的操作。原子性用于标识事务是否完全地完成，一个事务的任何更新要在系统上完全完成，如果由于某种原因出错，事务不能完成它的全部任务，系统将返回到事务开始前的状态。这里以银行转账为例，如果在转账的过程中出现错误，整个事务将会回滚。只有当事务中的所有部分都成功执行了，才将事务写入磁盘并使变化永久化。

（2）一致性（Consistency）：当事务完成时，数据必须处于一致状态，这主要通过保证系统的任何事务最后都处于有效状态来实现。如果事务成功地完成，那么系统中的所有变化将正确地应用，系统处于有效状态；如果在事务中出现错误，那么系统中的所有变化将自动地回滚，系统返回到原始状态。因为事务开始时系统处于一致状态，所以现在系统仍然处于一致状态。仍以银行转账为例，在账户转换和资金转移前，账户处于有效状态。如果事务成功地完成，并且提交事务，则账户处于新的有效状态。如果事务出错，终止后，账户返回到原先的有效状态。

（3）隔离性（Isolation）：对数据进行修改的所有并发事务是彼此隔离的。如果有两个事务运行在相同的时间内，执行相同的功能，事务的隔离性将确保在系统中对于每一事务认为只有该事务在使用系统，这种属性有时称为串行化。为了防止事务操作间的混淆，必须串行化或序列化请求，使得在同一时间仅有一个请求用于同一数据。以银行转账为例，如果在转账过程中有另一个过程根据账户余额进行相应处理，而它在事务完成前就能使人们看到它造成的变化，那么这个过程的决策可能建立在错误的数据之上，因为事务可能终止回滚。隔离性不仅保证多个事务不能同时修改相同的数据，而且能够保证事务操作产生的变化直到变化被提交或终止时才能对另一个事务可见，并发的事务彼此之间毫无影响。这就意味着所有要求修改或读取的数据已经被锁定在事务中，直到事务完成才能被释放。

（4）持久性（Durability）：事务完成后，它对系统的影响是持久的。在银行转账的例子中，资金的转移是持久的，一直保持在系统中。这听起来似乎简单，但这依赖于将数据写入磁盘，特别需要指出的是，数据是在事务完全完成并提交后才被写入磁盘的。

3. 事务的分类

（1）显式事务：用 BEGIN TRANSACTION 明确指定事务的开始。

（2）隐性事务：打开隐性事务的语法格式为：SET implicit_transactions ON。当以隐性事务模式操作时，SQL Server 将在提交或回滚事务后自动启动新事务。无须描述事务的开始，只需要提交或回滚事务。

（3）自动提交事务：SQL Server 的默认模式，它将每条单独的 T－SQL 语句视为一个事务。如果成功执行，则自动提交，否则回滚。

8.5.2　事务语句

T－SQL 中管理事务的语句有 3 条，分别是开始事务、提交事务和回滚事务。

1. 开始事务

通常在程序中用 BEGIN TRAN［SACTION］命令来标识一个事务的开始，其语法格式如下：

```
BEGIN TRAN[SACTION] [transaction_name |@tran_name_variable]
```

参数说明如下：

（1）transaction_name 用来指定事务的名称，只有前 32 个字符会被系统识别；

（2）@ tran _ name _ variable 用变量指定事务的名称，变量只能声明为 char、varchar、nchar 或 nvarchar 类型。

说明：其中 BEGIN TRANSACTION 可以缩写为 BEGIN TRAN。

2. 提交事务

通常在程序中用 COMMIT TRANSACTION 命令标识事务结束。只有执行到 COMMIT TRANSACTION 命令时，事务中对数据库的更新操作才算确认。其语法格式如下：

```
COMMIT [TRAN[SACTION] [transaction_name |@tran_name_variable]]
```

参数说明如下：

（1）transaction_name 用来指定事务的名称，只有前 32 个字符会被系统识别。

（2）@ tran _ name _ variable 用变量指定事务的名称，变量只能声明为 char、varchar、nchar 或 nvarchar 类型。

说明：其中 COMMIT TRANSACTION 可以缩写为 COMMIT TRAN 或 COMMIT。

3. 回滚事务

回滚事务（Rollback Transaction）是指当事务中的某一语句执行失败时，将对数据库的操作恢复到事务执行前或某个指定位置。其语法格式如下：

```
ROLLBACK[TRAN[SACTION] [transaction_name | @tran_name_variable
|savepoint_name |@savepoint_variable]]
```

参数说明如下：

（1）transaction_name 用来指定事务的名称，只有前 32 个字符会被系统识别。

（2）@ tran _ name _ variable 用变量指定事务的名称，变量只能声明为 char、varchar、nchar 或 nvarchar 类型。

（3）savepoint_name 用来指定保存点的名称，用于回滚到某一指定位置，与事务名称一样，只有前 32 个字符会被系统识别。

（4）@ savepoint_variable 用变量指定保存点的名称，用于回滚到某一指定位置。

说明：如果要让事务回滚到某个指定位置而不是回滚到整个事务执行前，则需要在事务中设定保存点（Save Point）。保存点是事务处理过程中的一个标志，与回滚事务命令结合使用，主要用途是允许用户将某一段处理回滚，而不必回滚整个事务。定义保存点的语法格式如下：

```
SAVE TRAN[SACTION] {savepoint_name | @savepoint_variable}
```

参数说明如下：

（1） savepoint_name：指定保存点的名称。

（2） @savepoint_variable：用变量指定保存点的名称。变量只能声明为 char、varchar、nchar 或 nvarchar 类型。

说明：如果一个事务中定义了多个保存点，当指定回滚到某个保存点时，那么回滚操作将回滚这个保存点后面的所有操作。例如，在一段处理中定义了 5 个保存点，指定从第 3 个保存点回滚，后面的第 4、第 5 个标记的操作都将被回滚。

注意：如果不指定回滚的事务名称或保存点，则 ROLLBACK TRANSACTION 命令默认将事务回滚到事务执行前，如果事务是嵌套的，则回滚到最靠近的 BEGIN TRANSACTION 命令前。

【例 8-24】 使用事务处理机制，完成借书过程。代码如下：

```
USE Library
GO
SET nocount ON                  --设置不显示影响的记录行数
DECLARE @ee int                 --变量@ee 用来保存事务处理过程中产生的错误号
SET @ee = 0                     --设置@ee 初值
PRINT '修改前'                   --打印借书登记前的读者信息
SELECT RID,Rname,Lendnum FROM Reader
BEGIN TRANSACTION               --开始事务
 --向借书信息表"Borrow"中添加新的借书信息
INSERT INTO Borrow(RID,BID,LendDate)
VALUES('2021055001','G455-01',GETDATE())
SET @ee = @ee + @ @error        --保存上一步操作的错误号
 --更新读者信息表"Reader"中读者 '2009055001' 的已借图书数量 Lendnum
UPDATE Reader SET Lendnum = Lendnum +1 WHERE RID = '2009055001'
SET @ee = @ee + @ @error        --保存上一步操作的错误号
PRINT '修改中'                   --打印借书登记中的读者信息
SELECT RID,Rname,Lendnum FROM Reader
IF @ee <>0                      --判断事务处理过程中是否出错
BEGING
SELECT @ee                      --打印错误号
ROLLBACK TRANSACTION            --事务处理过程中出错,回滚事务
END
ELSE
BEGIN
```

```
SELECT @ee                    --打印错误号
COMMIT TRANSACTION            --事务处理过程中没有出错,提交事务
END
PRINT '修改后'                 --打印借书登记后的读者信息
SELECT RID,Rname,Lendnum FROM Reader
```

执行结果如图 8-25~图 8-27 所示。

	RID	Rname	Lendnum
1	2021030002	李茜	0
2	2021050001	陈艳平	0
3	2021051001	杨静	2
4	2021051002	夏宇	2
5	2021051003	李志梅	0
6	2021055001	王丽	0
7	2021055002	程伟	0
8	2021055003	郝静	2
9	2021055004	张峰	0
10	2021056001	吕珊珊	0

图 8-25　借书前的读者信息

	RID	Rname	Lendnum
1	2021030002	李茜	0
2	2021050001	陈艳平	0
3	2021051001	杨静	2
4	2021051002	夏宇	2
5	2021051003	李志梅	0
6	2021055001	王丽	1
7	2021055002	程伟	0
8	2021055003	郝静	2
9	2021055004	张峰	0
10	2021056001	吕珊珊	0

图 8-26　借书过程中的读者信息

从上例可以看出，"2009055001"这位读者在借书事务之前，借阅图书数量为 0，借书事务中与事务后借阅图书数量为 1，数据是一致的，表明借书成功，同时也表示事务处理过程没有出错，提交事务成功。对上例还有以下几点说明：

（1）例中使用了全局变量@@error，用来收集每一步数据处理后的错误号，并累加到局部变量@ee 中。如果上一步操作没有出错，错误号为 0。

（2）例中使用了 IF...ELSE 语句来判断事务处理过

	RID	Rname	Lendnum
1	2021030002	李茜	0
2	2021050001	陈艳平	0
3	2021051001	杨静	2
4	2021051002	夏宇	2
5	2021051003	李志梅	0
6	2021055001	王丽	1
7	2021055002	程伟	0
8	2021055003	郝静	2
9	2021055004	张峰	0
10	2021056001	吕珊珊	0

图 8-27　借书后的读者信息

程是否出错，若未出错则提交事务，反之则回滚事务。判断出错的依据就是局部变量@ee 的值，其值若为 0，则表示事务处理过程没有出错，反之，如果事务处理过程出错，@ee 中存放的会是非 0 的错误号。

现在对上例中的部分代码作一些修改，人为制造一些程序运行错误。这里只列出作修改的那部分代码，其余代码不变（完整代码参照上例），修改情况如下：

```
修改前的部分代码:
INSERT INTO Borrow(RID,BID,LendDate)
VALUES('2021055001','G455-01',GETDATE())
修改后的部分代码:
INSERT INTO Borrow(RID,BID,LendDate)
```

```
VALUES('2021055011','G455 -01',GETDATE())
--注:'2009055011' 这个读者编号在 Reader 表中是不存在的,即没有这个读者
```

执行结果如图 8‒28~图 8‒30 所示。

修改前

	RID	Rname	Lendnum
	2001030002	李茜	0
	2001050001	陈艳平	0
	2009051001	杨静	2
	2009051002	夏宇	2
	2009051003	李志梅	0
	2009055001	王丽	1
	2009055002	程伟	0
	2009055003	郝静	2
	2009055004	张峰	0
	2009056001	吕珊珊	0

■ 结果　■ 消息

	RID	Rname	Lendnum
1	2021030002	李茜	0
2	2021050001	陈艳平	0
3	2021051001	杨静	2
4	2021051002	夏宇	2
5	2021051003	李志梅	0
6	2021055001	王丽	1
7	2021055002	程伟	0
8	2021055003	郝静	2
9	2021055004	张峰	0
10	2021056001	吕珊珊	0

图 8‒28　借书前的读者信息

■ 结果　■ 消息

修改前
消息 547, 级别 16, 状态 0, 第 10 行
INSERT 语句与 FOREIGN KEY 约束"FK_Borrow_Reader"冲突。该冲突发生于数据库"Library", 表"dbo.Reader", column 'RID'。
语句已终止。

	RID	Rname	Lendnum
1	2021030002	李茜	0
2	2021050001	陈艳平	0
3	2021051001	杨静	2
4	2021051002	夏宇	2
5	2021051003	李志梅	0
6	2021055001	王丽	2
7	2021055002	程伟	0
8	2021055003	郝静	2
9	2021055004	张峰	0
10	2021056001	吕珊珊	0

图 8‒29　借书过程中的读者信息

	RID	Rname	Lendnum
1	2021030002	李茜	0
2	2021050001	陈艳平	0
3	2021051001	杨静	2
4	2021051002	夏宇	2
5	2021051003	李志梅	0
6	2021055001	王丽	1
7	2021055002	程伟	0
8	2021055003	郝静	2
9	2021055004	张峰	0
10	2021056001	吕珊珊	0

图 8‒30　借书后的读者信息

从执行结果可以看出,"2009055001" 这位读者在借书事务之前, 借阅图书数量为 1;借书事务中借阅图书数量变为 2, 但产生了错误, 错误号为 547, 这是因为插入的借书信息中 "2021055011" 这位读者是不存在的, 不符合完整性约束, 错误描述如图 8‒29 所示;事

务后借阅图书数量为 1，重新变回事务前的状态。事务中与事务后数据是不一致的，表明借书失败，同时也表示事务处理过程出错，事务回滚。

8.6 任务训练——SQL 语句

1. 实验目的

（1）掌握 T – SQL 变量的定义、赋值方法。

（2）掌握流程控制语句的用法。

（3）掌握常用函数的用法。

（4）掌握使用事务处理机制解决实际问题的方法。

（5）根据项目需求分析编写 T – SQL 语句。

2. 实验内容

在博客系统 BlogDB 数据库中，根据需要，编写 T – SQL 语句。

3. 实验步骤

（1）完成本章实例内容。

（2）在博客系统 BlogDB 数据库的用户名中统计 3 月注册的用户信息。代码如下：

```
USE  BlogDB
GO
SELECT * FROM Users WHERE DatePart(mm,Regtime) = 3
```

（3）查询博客系统 BlogDB 数据库的表"Users"，要求显示已注册的用户名、注册时间和入网时长（要求输出格式为：＊＊天＊＊小时＊＊分钟＊＊秒）。

①启动 SSMS，附加 BlogDB 数据库。

②在 SSMS 窗口中单击工具栏中的"新建查询"按钮，打开"查询编辑器"，输入如下代码：

```
USE BlogDB
GO
SELECT 用户名 =UserName,注册时间 =RegTime,入网时长 =
    CONVERT(char(4),DateDiff(dd,RegTime,GetDate()))+'天'+
    --使用 DateDiff()函数计算两个日期之间相差的总天数
    RTRIM(CONVERT(char(5),DateDiff(SS,RegTime,GetDate())% 86400)
    /3600)+'小时'    --使用 DateDiff()函数计算两个日期之间相差的总小时数
  FROM Users
```

③单击"SQL 编辑器"工具栏上的"执行"按钮，执行结果如图 8 – 31 所示。

图 8－31　查询入网时长

知识拓展

4. 问题讨论

在哪些情况下需要用到批处理和事务处理机制？

思考与练习

一、填空题

1. SQL Server 中的编程语言是_____语言，它是一种非过程化的高级语言，其基本成分是_____。

2. 运算符是一种符号，用来指定要在一个或多个表达式中执行的操作，SQL Server 中大部分运算符都需要两个操作数，但是有一部分运算符只需要一个操作数即可，称为单目运算符，请列举出 3 个单目运算符：_____、_____、_____。

3. T－SQL 提供的控制流有：_____、_____、_____、_____、_____、_____。

4. 在循环语句 WIHLE 中，如果要退出整个循环，需要使用语句_____，如果要退出本次循环，继续下次循环，需要使用语句_____。

5. 在 SQL Server 中，变量共分为两种：一种是_____，另一种是_____。

6. 语句"SELECT(7＋3)＊4－17/(4－(8－6))＋99％4"的执行结果是_____。

7. 语句"SELECT DateAdd(day, 10, '2008－12－22')"的输出结果是_____。

8. 语句"SELECT UPPER('oeautiful')"的执行结果是_____。

9. 在 T－SQL 中，可以获取查询结果的元组个数的汇总函数是_____。

二、选择题

1. 对于多行注释，必须使用注释字符对（　　）开始注释，使用结束注释字符对（　　）结束注释。

A. //　　　　　　　B. /＊ ＊/　　　　　　C. －－ －－　　　　　D. // //

2. SQL Sever 中，全局变量以（　　）符号开头。

A. @　　　　　　　B. @@　　　　　　　C. ＊ ＊　　　　　　D. &&

3. 下列标识符可以作为局部变量使用的是（　　）。

A. Myvar　　　　　B. My var　　　　　　C. @ Myvar　　　　　D. @ My var

4. 用于返回系统日期的函数是（　　）。

A. Year( )　　　　　　　　　　　B. GetDate( )

C. COUNT( )　　　　　　　　　　D. SUM( )

5. 下列聚合函数中正确的是（　　　）。

A. SUM（＊）　　　B. MAX（＊）　　　　C. COUNT（＊）　　　D. AVG（＊）

6. 下列选项中，不属于 SQL Server 中事务处理模式的是（　　　）。

A. 长事务　　　　B. 显式事务　　　　C. 隐式事务　　　　D. 自动提交事务

7. 在 SQL Server 中，下列不属于字符串函数的是（　　　）。

A. UPPER（）　　　B. LTRIM（）　　　C. ABS（）　　　　D. LEFT（）

三、应用题

1. 计算 1 到 100 的累加和，即 $1 + 2 + 3 + \cdots + 100$。

2. 查询学生信息表"Student"，要求显示学生的姓名、学号、出生年月（要求输出格式为：yyyy 年 mm 月 dd 日）和年龄。

3. 用 IF…ELSE 语句统计读者借书情况（表"Borrow"），查询出有没有目前没有借书的读者，若有，计算出目前没有借书的读者人数，若没有，则打印"目前没有未借书的读者！"。

4. 用事务处理机制完成图书馆还书操作流程。

学习评价

评价项目	评价内容	分值	得分
T – SQL 编程基础知识	理解 T – SQL 编程基础知识	10	
常用函数	能运用常用函数	40	
流程控制语句	能运用流程控制语句	30	
批处理与事务	能运用批处理与事务	10	
职业素养	自主学习、勤于实践	10	
合计			

第9章

存储过程与触发器

学习目标

- 能根据项目需求设计存储过程。
- 能根据项目需求设计触发器。

学习导航

本章介绍的存储过程与触发器属于数据库实施阶段的内容。利用多个 T－SQL 基本语句和流程控制语句完成数据库对象存储过程和触发器的创建与管理，本章仅介绍用 T－SQL 语句创建存储过程与触发器的方法。本章学习内容在数据库应用系统开发中的位置如图 9－1 所示。

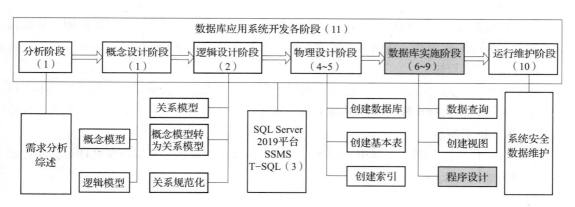

图 9－1　本章学习内容在数据库应用系统开发中的位置

9.1 任务1：认识存储过程

任务目标

- 理解存储过程的概念。
- 掌握存储过程的创建与使用方法。

存储过程（Stored Procedure）是一种高效、安全的访问数据库的方法，主要用于提高数据库中检索数据的速度、访问数据或管理被修改的数据。

9.1.1 存储过程的概念

存储过程是一组用于完成特定功能的 T–SQL 语句集，是利用 SQL Server 所提供的 T–SQL 语言所编写的程序，经编译后存储在数据库中。存储过程是数据库中的一个重要对象，用户通过指定存储过程的名字并给出参数（如果该存储过程带有参数）来执行它。它是一组编译好并存储在服务器上的完成特定功能 T–SQL 代码，存储过程与其他编程语言中的过程有些类似。

1. 存储过程的优点

存储过程是一种独立的数据库对象，它在服务器上创建和运行，与存储在客户端计算机本地的 T–SQL 语句相比，有以下优点。

1）模块化设计

每个存储过程是一个模块，具备一定的功能。存储过程一旦创建，可多次调用，从而极大地提高了程序的重用性，从而可以减少数据库开发人员的工作量。

2）执行速度较快

存储过程在创建时经过编译，已经存储在系统表中，以后再次调用该存储过程时不必再进行编译和优化，执行步骤的减少提高了执行速度。

3）减小网络流量

存储过程位于服务器上，调用的时候只需要传递存储过程的名称以及参数即可，因此减小了网络传输的数据量。

4）增强安全性

授予用户执行存储过程的权限，不授予用户直接访问存储过程涉及的表的权限，从而保证表中数据的安全。

2. 存储过程的分类

SQL Server 提供了 3 种类型的存储过程。

（1）系统存储过程：数据库基础管理工作的一类特殊存储过程，存储在源数据库中，并且带有"sp_前缀"，例如 sp_helptext、sp_rename、sp_help 等。

（2）用户自定义存储过程：用户在 SQL Server 中通过 T – SQL 语句创建的自定义功能的存储过程，本章后面介绍的存储过程主要是指用户自定义存储过程。

（3）扩展存储过程：扩展存储过程是 SQL Server 实例可以动态加载和运行的动态链接库（Dynamic Link Library，DLL）。扩展存储过程是使用 SQL Server 扩展存储过程 API 编写的，可直接在 SQL Server 实例的地址空间中运行。

9.1.2 创建存储过程

1. 使用存储过程模板创建存储过程

【例 9 – 1】　创建存储过程，对 EDUC 数据库实现简单查询功能。

（1）在"对象资源管理器"窗口中，展开"数据库"→"EDUC"→"可编程性"节点，用鼠标右键单击"存储过程"节点，在弹出的快捷菜单中选择"新建"→"存储过程"命令，如图 9 – 2 所示。

（2）在右侧"查询编辑器"中出现存储过程模板，可以参照模板在其中输入存储过程的 T – SQL 语句。单击工具栏中的 按钮（Ctrl + Shift + M），出现"指定模板参数的值"对话框，输入存储过程名"selected_name"，如图 9 – 3 所示，单击"确定"按钮。

图 9 – 2　选择"新建"→"存储过程"命令

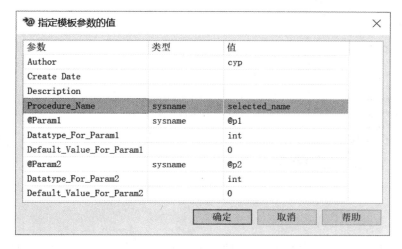

图 9 – 3　"指定模板参数的值"对话框

（3）在模板中输入以下代码：

```
USE EDUC
GO
CREATE PROCEDURE selected_name
AS
BEGIN
  SELECT Sname
  FROM Student
  WHERE SID = '2020051001'
  END
GO
```

（4）单击工具栏中的"执行"按钮后，选择"存储过程节点"选项，单击鼠标右键，在出现的快捷菜单中选择"刷新"命令，会看到新建的存储过程，如图 9-4 所示。

用 T-SQL 命令 EXEC（EXECUTE）完成对存储过程的执行。其语法格式如下：

```
EXEC 存储过程名[参数表]
```

执行存储过程"selected_name"的代码如下：

```
USE Library
GO
selected_name
```

或

```
USE Library
EXEC selected_name
```

执行结果如图 9-5 所示。

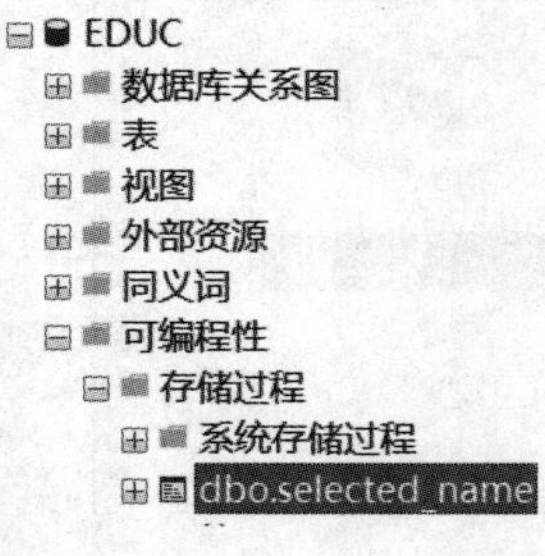

图 9-4　新建的存储过程"selected_name" 　　　　图 9-5　执行存储过程"selected_name"

2. 使用 T-SQL 语句创建存储过程

使用 T-SQL 语句创建存储过程与使用模板创建存储过程的方法类似，其语法格式如下：

```
CREATE PROC[EDURE] 过程名
[@形参名数据类型,…][,]              --多个输入参数用逗号隔开
[@变参名数据类型  OUTPUT,…]         --多个输出参数用逗号隔开
AS
[BEGIN]
    T-SQL
[END]
```

下面通过实例介绍如何创建带参数的存储过程。

【例 9-2】　创建一个带有输入参数的存储过程"selected_sc",查询指定学生的选课成绩。代码如下：

```
--创建带有输入参数的存储过程
USE EDUC
GO
CREATE PROCEDURE selected_sc              --创建存储过程
@id varchar(10)                           --输入参数
with encryption                           --对创建文本加密
AS
BEGIN
 SELECT s.SID,Sname,c.CID,Cname,Score
 FROM Student  s INNER JOIN SC  x
 ON s.SID=x.sid INNER JOIN Course c
 ON x.CID=c.cid
 WHERE s.SID=@id
END
GO
```

调用存储过程的代码如下：

```
EXEC  selected_sc '2020051001'           --常量传值调用方法
```

或

```
DECLARE @temp1 char(20)                   --变量传值调用方法
SET @temp1 ='2020051001'
EXEC selected_sc @temp1
```

执行结果如图 9-6 所示。

【例 9-3】　创建一个带有输入参数和输出参数的存储过程"borrowed_num",返回指定读者借阅图书本数。代码如下：

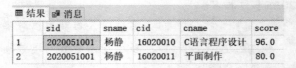

图 9 – 6   执行带输入参数的存储过程

```
--创建带有一个输入参数和两个输出参数的存储过程
USE Library
IF EXISTS(SELECT name FROM sysobjects
             WHERE name ='borrowed_num' AND type ='p')
    DROP PROCEDURE borrowed_num
GO
CREATE PROCEDURE borrowed_num              --创建存储过程
@id varchar(10),                           --输入参数
@sl int output,
@name char(8) output                       --多个输出参数
with encryption                            --对创建文本加密
AS
BEGIN
    SELECT  @sl = COUNT( * )               --统计读者借阅本数
    FROM Reader INNER JOIN Borrow
    ON   Reader.RID = Borrow.RID
    WHERE Reader.RID = @id
    SELECT @name = Reader.Rname            --查询读者姓名
    FROM Reader
    WHERE Reader.RID = @id
    END
```

调用存储过程的代码如下：

```
DECLARE @R_id char(10)
DECLARE @R_bs int
DECLARE @Rname char(8)
SET @R_id ='2021051001'
EXEC borrowed_num @R_id,@R_bs output,@Rname output    --实参表
PRINT @R_id +':' + @Rname +'借阅图书本数:' +CONVERT(char(2),@R_bs)
```

执行结果如图 9 –7 所示。

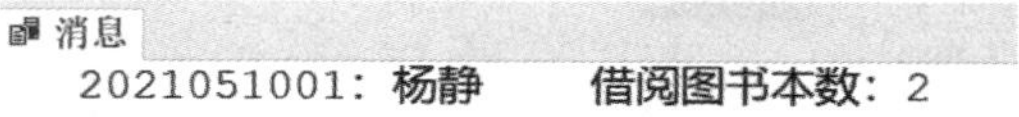

图 9－7　执行带输入和输出参数的存储过程

9.1.3　管理存储过程

存储过程的管理所涉及的内容包括查看存储过程中定义的 T－SQL 语句的文本信息、修改存储过程的定义、删除不需要的存储过程等。

1. 查看存储过程的信息

sp_help'存储过程名'：用于查看存储过程的一般信息，如存储过程的名称、属性、类型和创建时间。

sp_helptext'存储过程名'：用于查看存储过程的正文信息。

sp_depends'存储过程名'|'表名'：用于查看指定存储过程所引用的表或者指定的表所涉及的所有存储过程。

【例 9－4】　分别用 sp_help、sp_helptext、sp_depends 查询 EDUC 数据库的存储过程"selected_sc"的信息。

在"查询分析器"中输入代码后选择"执行"命令，运行结果如图 9－8～图 9－10 所示。

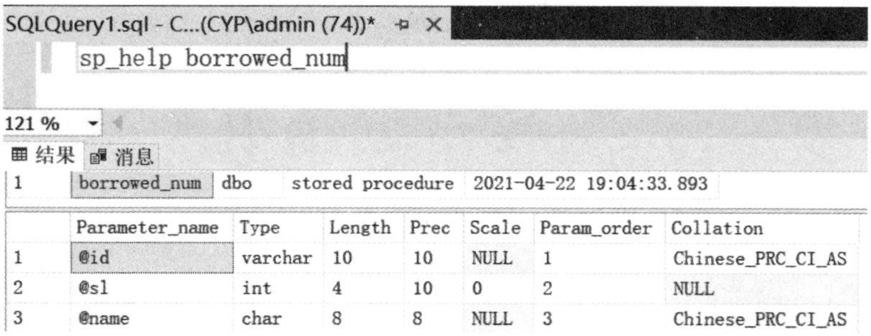

1	borrowed_num	dbo	stored procedure	2021-04-22 19:04:33.893

	Parameter_name	Type	Length	Prec	Scale	Param_order	Collation
1	@id	varchar	10	10	NULL	1	Chinese_PRC_CI_AS
2	@sl	int	4	10	0	2	NULL
3	@name	char	8	8	NULL	3	Chinese_PRC_CI_AS

图 9－8　用 sp_help 查询存储过程的信息

2. 删除存储过程

删除存储过程的语法格式如下：

```
DROP PROC[EDURE]存储过程名[,…,n]
```

【例 9－5】　删除 Library 数据库的存储过程"borrowed_num"。代码如下：

```
USE Library
DROP PROC borrowed_num
```

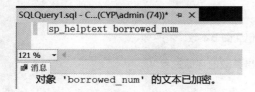

图 9 – 9 用 sp_helptext 查询存储过程的信息   图 9 – 10 用 sp_depends 查询存储过程的信息

也可以使用 SSMS 删除存储过程，其操作方式类似于前面章节介绍的删除数据库、数据表，此处不再赘述。注意，如果存储过程被其他对象所依赖，则该存储过程不能被删除，可用 sp_depends 来查看。

3. 修改存储过程

如果需要修改存储过程中的语句或参数，删除后重新创建存储过程时，所有与该存储过程相关的权限将丢失；修改存储过程时，过程或参数定义会更改，但权限保留。

修改存储过程使用关键字 ALTER，其语法格式与创建存储过程的语法格式基本一样：

```
ALTER PROC[EDURE]过程名
[@形参名数据类型,…][,]          -- 多个输入参数用逗号隔开
[@变参名数据类型  OUTPUT,…]     -- 多个输出参数用逗号隔开
AS
[BEGIN]
    T – SQL
[END]
```

9.2 任务 2：认识触发器

任 务 目 标

- 理解触发器的概念。
- 掌握创建与使用触发器的方法。

触发器（Trigger）是 SQL Server 提供给程序员和数据分析员来保证数据完整性的一种方法，它是与表事件、数据库事件等相关的特殊的存储过程，它的执行由事件来触发，比如当对一个表进行操作（INSERT、UPDATE、DELETE）时就会激活它执行。触发器经常用于加强数据的完整性约束和业务规则等。

9.2.1 触发器概述

1. 触发器的概念

触发器是一种特殊的存储过程，基于表/视图/服务器/数据库创建，满足一定条件时自

动执行，不由用户直接调用，以保证数据库的完整性、正确性和安全性。

当触发器所保护的数据发生变化（UPDATE、INSERT、DELETE）或当服务器、数据库中发生数据定义（CREATE、ALTER、DROP）后，其自动运行以保证数据的完整性和正确性。

2. 触发器的分类

1）DML（Data Manipulation Language）触发器

DML 触发器在发生数据操作语言（DML）事件（INSERT、UPDATE 或 DELETE）时自动生效。DML 触发器可用于强制业务规则和数据完整性、查询其他表并包括复杂的 T – SQL 语句。将触发器和触发它的语句作为可在触发器内回滚的单个事务对待。如果检测到错误（例如磁盘空间不足），则整个事务即自动回滚。

（1）AFTER 触发器：在数据变动（INSERT、UPDATE、DELETE 操作）完成后被激发。对变动的数据进行检查，如发现错误，将拒绝或回滚变动的数据。该触发器只能创建在表上，不能创建在视图上；一个表可以有多个基于不同操作的 AFTER 触发器。

（2）INSTEAD OF 触发器：将在数据变动以前被激发，并取代变动数据的操作（INSERT、UPDATE、DELETE 操作），转而去执行触发器定义的操作。一个表只有一个该触发器，它可以创建在表上，也可以创建在视图上。

2）DDL（Data Definition Language）触发器

当服务器或数据库中发生数据定义语言（DDL）事件时将调用该触发器，它为响应多种数据定义语言语句而激发。这些语句主要是以 CREATE、ALTER 和 DROP 开头的语句。DDL 触发器可用于防止对数据库架构进行某些更改、数据库中发生某种情况以响应数据库架构的更改、记录数据库架构的更改或事件。

3）登录触发器

登录触发器将为响应 LOGON 事件而激发存储过程。与 SQL Server 实例建立用户会话时将引发此事件。登录触发器将在登录的身份验证阶段完成后且用户会话事件建立之前激发。

可以使用登录触发器来审核和控制服务器会话，如通过跟踪登录活动、限制 SQL Server 的登录名或限制特定登录名的会话数。

9.2.2 创建 DML 触发器

1. 使用触发器模板创建触发器

在"对象资源管理器"窗口中，展开"数据库"→具体数据库→"表"节点下要创建触发器的具体表节点，用鼠标右键单击"触发器"节点，从出现的快捷菜单中选择"新建触发器"命令，如图 9 – 11 所示。

在"查询编辑器"中出现触发器设计模板，用户可以在此基础上编辑触发器，然后单击工具栏中的"执行"按钮，即可创建该触发器。单击工具栏中的 按钮（Ctrl + Shift + M），出现"指定模板参数的值"对话框，如图 9 – 12 所示，即可编辑触发器。

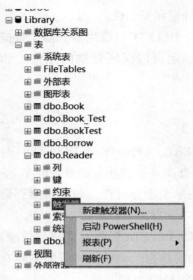

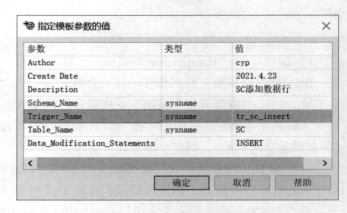

图 9 – 11　选择"新建触发器"命令　　图 9 – 12　触发器模板中"指定模板参数的值"对话框

2. 使用 T – SQL 语句创建 DML 触发器

语法格式如下：

```
CREATE TRIGGER 触发器
ON <表名 |视图名 >
FOR |AFTER |INSTEAD OF
[INSERT][,][DELETE][,][UPDATE]
AS
[BEGIN]
    T – SQL 语句
[END]
```

可将 DML 触发器分为基于 INSERT、DELETE、UPDATE 三类操作的触发器。

（1）INSERT 事件触发器：当数据库表的 INSERT 触发器执行时，同时将插入新记录到该数据库表和"inserted"表。

（2）DELETE 事件触发器：当数据库表的 DELETE 触发器执行时，从数据库表删除的数据首先放到"deleted"表中。

（3）UPDATE 事件触发器：当数据库的 UPDATE 触发器执行时系统首先删除原有的记录，并将原有的记录插入"deleted"表，插入的新记录也同时插入"inserted"表。

　　提示： 在触发器执行时，生成此两个临时表，用于触发器条件的测试。"inserted"表是保持插入的数据行副本的虚拟表，"deleted"表是保存被删除的数据行副本的虚拟表。

1）创建 INSERT 事件触发器

（1）INSTEAD OF 触发器

INSERT 事件的 INSTEAD OF 触发器是对于指定的表，在执行数据行插入语句 INSERT 事件之前被激发的一段程序代码。

【例 9 – 6】　定义一个 INSERT OF 触发器，在 EDUC 数据库的表"SC"中添加一行学生选课信息前，查询表"Student"和表"Course"的对应学号与课程号是否存在。代码如下：

```
USE  EDUC
IF EXISTS(SELECT name FROM sysobjects   --如果已有触发器"tr_sc_insteado-
                                          finsert"
WHERE name ='tr_sc_insteadofinsert' AND type ='tr')
DROP TRIGGER tr_sc_insteadofinsert    --删除触发器"tr_sc_insteado-
                                          finsert"
GO
CREATE TRIGGER tr_sc_insteadofinsert --创建触发器"tr_sc_insteado-
                                          finsert"
ON SC                                 --基于表"Borrow"
INSTEAD OF INSERT                     --INSERT 事件之后触发
AS
BEGIN
 DECLARE @sid char(10)
 DECLARE @cid char(8)
 --从表"inserted"中查询出读者编号 RID 赋值给局部变量@dzbh
 SET @SID =(SELECT SID FROM inserted)
  SET @CID =(SELECT CID FROM inserted)

IF NOT EXISTS(SELECT * FROM Student WHERE SID = @sid) OR NOT EXISTS
(SELECT * FROM Course WHERE CID = @cid)
    BEGIN
     ROLLBACK TRANSACTION
     PRINT '输入学号或课程号不存在!(INSTEAD OF 触发器)'
  END
ELSE
  BEGIN
   INSERT SC SELECT * FROM inserted
   PRINT '已经成功录入学生'
  END
END
GO
```

执行以上代码后，即可在 EDUC 数据库的表"SC"中创建触发器"tr_sc_insteadofinsert"。若执行插入数据行的 T – SQL 语句：

```
USE EDUC
INSERT INTO SC VALUES('2020051002','16020014',89)
```

则执行成功后会显示"已经成功录入学生"，查看表"SC"，可见新插入了添加的数据行，如图 9 – 13 所示。

SID	CID	Grade
2020051001	16020010	96
2020051001	16020011	80
2020051002	16020012	78
2020051002	16020013	87
2020051002	16020014	85
2020051003	16020014	89
2020051003	16020015	90
2020051202	16020010	67
2020051002	16020014	89

图 9 – 13　INSERT 语句执行后表"SC"的新添数据行

若执行插入语句如图 9 – 14 所示，学号不存在，则会显示"输入学号或课程号不存在!"，从而保证了数据的一致性。

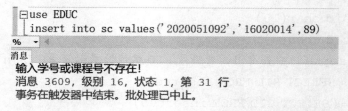

```
use EDUC
insert into sc values('2020051092','16020014',89)
```
消息
输入学号或课程号不存在!
消息 3609, 级别 16, 状态 1, 第 31 行
事务在触发器中结束。批处理已中止。

图 9 – 14　INSERT 语句执行后表"Reader"中该读者借阅数量加 1

（2） AFTER 触发器

INSERT 事件的 AFTER 触发器是对于指定的表，在执行数据行插入语句 INSERT 之后被激发的一段程序代码。

【例 9 – 7】　定义一个 INSERT 触发器，在 EDUC 数据库的表"Student"中添加一行学生选课信息后，查询表"Student"和表"Course"的对应学号与课程号是否存在，若存在则插入成功，若不存在回滚插入操作。代码如下：

```
USE   EDUC
IF EXISTS( SELECT name FROM sysobjects
                              -- 如果已有触发器"tr_sc_afterinsert"
WHERE name ='tr_sc_afterinsert' AND type ='tr')
DROP TRIGGER tr_sc_afterinsert-- 删除触发器"tr_sc_afterinsert"
GO
CREATE TRIGGER tr_sc_afterinsert -- 创建触发器"tr_sc_afterinsert"
```

```
ON SC                              ——基于表"borrow"
AFTER INSERT                            ——INSERT 事件之后触发
AS
BEGIN
 DECLARE @sid char(10)
 DECLARE @cid char(8)
 ——表"inserted"中查询出读者编号 RID 赋值给局部变量@dzbh
 SET @sid = (SELECT SID FROM inserted)
 SET @cid = (SELECT CID FROM inserted)

IF NOT EXISTS(SELECT * FROM Student WHERE SID = @sid) OR NOT EXISTS
(SELECT * FROM Course WHERE CID = @cid)
    BEGIN
     ROLLBACK TRANSACTION
     PRINT '输入学号或课程号不存在!'
   ENDA
ELSE
  BEGIN
   PRINT '已经成功录入学生'
  END
END
GO
```

执行以上代码后，即可在 EDUC 数据库的表“SC”中创建触发器“tr_sc_afterinsert”。
若执行插入数据行的 T - SQL 语句：

```
USE EDUC
GO
DISABLE TRIGGER  tr_sc_insteadofinsert
                        ——禁用 INSTEAD OF 触发器,此触发器优先
ON SC
INSERT INTO SC VALUES('2020051902','16020014',89)
```

执行成功后会显示“已经成功录入学生”，查看表“SC”，可见新插入了添加的数据行，如图 9 - 14 所示。

2）创建 DELETE 事件触发器

（1）INSTEAD OF 触发器

DELETE 事件的 INSTEAD OF 触发器是对于指定的表或视图，在执行 DELETE 语句时用来替代 DELETE 事件的一段程序代码。

【例 9 - 8】 定义一个 DELETE 事件的 INSTEAD OF 触发器，在 Library 数据库的表 "Reader" 中删除一行借读者信息前，检查该读者是否有书未还，若有书未还则不能删除该读者。代码如下：

```
--创建 DELETE 事件的 INSTEAD OF 触发器
USE  Library
IF EXISTS( SELECT name FROM sysobjects
WHERE name ='tr_reader_delinstead ' AND type ='tr')
DROP TRIGGER tr_reader_delinstead
GO
CREATE TRIGGER tr_reader_delinstead
ON Reader
INSTEAD OF DELETE               --创建基于 DELETE 事件的 INSTEAD OF 触发器
AS
BEGIN
  DECLARE @num_borrow int
  SELECT @num_borrow =lendnum  FROM deleted   --从临时表中获取借阅数量
  IF @num_borrow >0                    --借阅数量大于说明有未还的图书
    BEGIN
      PRINT' 该读者不能删除！还有 ' +CAST( @num_borrow AS char(2)) +
'本书没还'
      ROLLBACK                          --事务回滚取消所删除的数据行
    END
  ELSE
    DELETE Reader WHERE RID ='2021051001'
    PRINT '该读者已被删除!!! '     --显示行已经删除
END
GO
```

执行以上代码后，即可在 Library 数据库的表 "Reader" 中创建存储过程 "reader_delinstead"。

若执行删除数据行的 T - SQL 语句：

```
USE Library
GO
DELETE Reader WHERE RID ='2021051001'
```

执行以上代码后，会出现如下提示信息：

该读者不能删除！还有 2 本书没还

事务在触发器中结束。批处理已中止。

（2）AFTER 触发器

DELETE 事件的 AFTER 触发器是对于指定的表，在执行 DELETE 语句之后被激发的一段程序代码。

【例 9 - 9】　定义一个 DELETE 事件的 AFTER 触发器，在 Library 数据库的表"Reader"中删除一行借读者信息，检查该读者是否有书未还，若有书未还则不能删除该读者。代码如下：

```
--创建 DELETE 事件的 AFTER 触发器
USE  Library
IF EXISTS(SELECT name FROM sysobjects
WHERE name ='tr_reader_delafter ' AND type ='tr')
DROP TRIGGER tr_reader_delafter
GO
CREATE TRIGGER tr_reader_delafter
ON Reader
AFTER DELETE              --创建基于 DELETE 事件的 AFTER 触发器
AS
BEGIN
  DECLARE @num_borrow int
  SELECT @num_borrow = lendnum  FROM deleted   --从临时表中获取借阅数量
  IF @num_borrow >0                   --借阅数量大于 0 说明有未还的图书
    BEGIN
       PRINT' 该读者不能删除! 还有 '+ CAST(@num_borrow AS char(2)) +
'本书没还'
       ROLLBACK                            --事务回滚取消所删除的数据行
    END
  ELSE
     PRINT '该读者已被删除!!! '      --显示行已经删除
END
GO
```

执行以上代码后，即可在 Library 数据库的表"Reader"中创建存储过程"reader_delafter"。

若执行删除数据行的 T - SQL 语句：

```
USE Library
GO
DELETE Reader WHERE RID ='2021051001'
```

执行以上代码后，会出现如下提示信息：

该读者不能删除！还有 2 本书没还

事务在触发器中结束。批处理已中止。

3）创建 UPDATE 事件触发器

UPDATE 事件的 AFTER 触发器是对于指定的表，在执行 UPDATE 语句之后被激发的一段程序代码。

【例 9 - 10】 定义一个 UPDATE 事件触发器，保护 EDUC 数据库的表"SC"中的"成绩"不能任意修改。代码如下：

```
USE EDUC
GO
CREATE TRIGGER rt_update
ON SC
FOR UPDATE
AS
 IF (UPDATE(Score))         --UPDATE()函数保护属性列
   BEGIN
     PRINT '事务不能被处理,基础数据不能修改!'
     ROLLBACK
   END
 ELSE
   PRINT '数据修改成功!'
```

执行以上代码后，即可在 Library 数据库的表"ReaderType"中创建存储过程"rt-update"。

若执行更新数据行的 T - SQL 语句：

```
 UPDATE  SC
 SET Score = Score + 10
```

执行以上代码后，会出现如下提示信息：

事务不能被处理,基础数据不能修改!

事务在触发器中结束。批处理已中止。

【例 9 - 11】 定义一个 UPDATE 事件触发器，同步更新保护 EDUC 数据库的表"Student"中的"SID"与选课表"SC"中的"SID"。代码如下：

```
USE EDUC
GO
```

```
IF EXISTS( SELECT name FROM sysobjects
WHERE name ='tr_stu_update ' AND type ='tr')
DROP TRIGGER tr_stu_update
GO
CREATE TRIGGER tr_stu_update
ON Student
FOR UPDATE
AS
IF UPDATE(SID)
  BEGIN
    DECLARE @idinsert char(10)
    SELECT @idinsert = SID FROM inserted
    DECLARE @iddel char(10)
    SELECT @iddel = SID FROM deleted
    UPDATE SC SET SC.SID = @idinsert WHERE SC.SID = @iddel
  END
```

执行以上代码后，即可在 EDUC 数据库的表"Student"中创建触发器"tr_stu_update"，在修改表"Student"中的"SID"时，同步修改表"SC"中的"SID"，会显示数据修改成功，3 行受影响。

打开在 EDUC 数据库的表"Student"与表"SC"时，学号发生了变化，如图 9 – 15、图 9 – 16 所示。

CYP.EDUC - dbo.Student					
SID	Sname	Sex	Birthday	Specialty	Telephone
▶ 2020059999	杨静	女	2001-05-05	计算机应用技术	13224089416

图 9 – 15　表"Student"修改后的数据

9.2.3　创建 DDL 触发器

DDL 触发器由修改数据库对象的 DDL 语句（如 CREATE、ALTER 或 DROP）激发。DDL 触发器可用于管理任务，例如审核和控制数据库操作。其语法格式如下：

```
CREATE TRIGGER trigger_name
ON   <ALL SERVER |DATABASE >
[WITH  ENCRYPTION]
[FOR |AFTER] <事件类型或事件组 >[,...n]
    AS
```

```
[BEGIN]
    T - SQL 语句
[END]
```

参数说明如下：

（1）ALL SERVER：DDL 触发器的作用域应用于当前服务器。

（2）DATABASE：DDL 触发器的作用域应用于当前数据库。

（3）WITH ENCRYPTION：对 CREATE TRIGGER 语句的文本进行加密。

（4）事件类型：执行之后将导致激发 DDL 触发器的 T - SQL 语句事件的名称（CREATE、ALTER、DROP 等操作）。

CYP.EDUC - dbo.SC	+ ×	
SID	CID	Score
2020059999	16020010	96
2020059999	16020011	80
2020051002	16020012	78
2020051002	16020013	87
2020051002	16020014	85
2020051003	16020014	89
2020051003	16020015	90
2020051202	16020010	67
2020051002	16020014	89

图 9 – 16　表 "SC" 修改后的数据

（5）事件组：预定义的 T - SQL 语句事件分组的名称。执行任何属于事件组的 T - SQL 语句事件之后，都将激发 DDL 触发器。

（6）T - SQL 语句：指定 DDL 触发器所执行的 T - SQL 语句。

【例 9 - 12】　在服务器上创建 DDL 触发器来防止服务器中的任意一个数据库被修改或删除。代码如下：

```
CREATE TRIGGER DDL_db
ON  ALL SERVER                       --保护当前服务器中的所有数据库
FOR drop_database,alter_database     --被删除或修改
AS
BEGIN
    PRINT '要删除和修改数据库之前,你必须先禁用触发器 DDL_db！'
    ROLLBACK
END
GO
```

单击工具栏中的"执行"按钮，运行成功后，在"对象资源管理器"中展开"服务器"→"服务器对象"→"触发器"节点，可以看到新建的触发器"DDL_db"，如图 9 – 17 所示。

当用户试图使用 DROP 或 ALTER 命令删除或修改服务器中的数据库时，调用此 DDL 触发器，此 DDL 触发器的事务回滚语句 ROLLBACK 将撤销 DROP 或 ALTER 命令的执行。当删除数据库时，会弹出图 9 – 18 所示的提示。

【例 9 - 13】　在数据库上创建 DDL 触发器来防止数据库中的任意一个表被修改或删除。代码如下：

图 9 - 17 服务器中的触发器 "DDL_db"

图 9 - 18 DDL 触发器禁止删除数据库

```
USE EDUC                          --保护 EDUC 数据库
GO
CREATE TRIGGER DDL_tb
ON DATABASE                       --保护数据库中的数据表
FOR drop_table,alter_table        --被删除或修改
AS
BEGIN
   PRINT '要删除和修改表之前,你必须先禁用触发器 DDL_tb!'
   ROLLBACK
END
GO
```

单击工具栏中的"执行"按钮,运行成功后,在"对象资源管理器"中展开"EDUC"→
"可编程性"→"数据库触发器"节点,可以看到新建的触发器"DDL_tb",如图 9 - 19
所示。

图 9 – 19　Library 数据库中的触发器"DDL_tb"

当用户试图使用 DROP 或 ALTER 命令删除或修改数据库中的表时，调用此 DDL 触发器，此 DDL 触发器的事务回滚语句 ROLLBACK 将撤销 DROP 或 ALTER 命令的执行。当删除数据表时，会弹出图 9 – 20 所示的提示，禁止删除数据表。

图 9 – 20　DDL 触发器禁止删除数据表

9.2.4　管理触发器

触发器的管理包括查看触发器定义信息、修改与删除触发器和禁用与启用触发器等操作。

1. 查看触发器信息

sp_help' 触发器名 '：用于查看触发器的一般信息，如触发器的名称、属性、类型和创建时间。

sp_helptext' 触发器名 '：用于查看触发器的正文信息。

sp_depends' 触发器名 ' | ' 表名 '：用于查看指定触发器所引用的表或者指定的表涉及的所有触发器。

【例 9 – 14】 用 sp_depends 查询 EDUC 数据库的触发器 "tr_stu_update" 的信息。
在 "查询分析器" 中输入代码后选择击 "执行" 命令后，运行结果如图 9 – 21 所示。

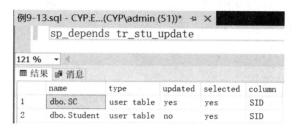

图 9 – 21 用 sp_depends 查询触发器的信息

2. 删除触发器

删除触发器的语法格式如下：

```
DROP TRIGGER 触发器名
```

3. 修改触发器

如果需要修改触发器，可以用 ALTER TRIGGER 命令。修改 DML 和 DDL 触发器的语法格式与创建触发器的语法格式一样，此处不再赘述。

4. 禁用与启用触发器

当暂时不需要某个触发器时，可将其禁用。禁用触发器不会删除该触发器，但是在执行任意 INSERT、UPDATE、DELETE 语句或 CREATE、ALTER、DROP 语句时，触发器将不会被激发。已禁用的触发器也可以被重新启用。

禁用触发器的语法格式如下：

```
DISABLE TRIGGER 触发器名
ON 对象名 |DATABASE |ALL SERVER
```

启用触发器的语法格式如下：

```
ENABLE TRIGGER 触发器名
ON 对象名 |DATABASE |ALL SERVER
```

【例 9 – 15】 禁用 DDL 触发器 "DDL_tb"，以便进行表的修改和删除。代码如下：

```
DISABLE TRIGGER DDL_tb
ON DATABASE
```

本章重点介绍了存储过程、触发器的概念、创建和调用方法，为使用 T – SQL 语句编程奠定了基础。

9.3 任务训练——存储过程与触发器的应用

1. 实验目的

（1）编写简单的存储过程。

（2）编写简单的触发器。

2. 实验内容

利用 T–SQL 语句创建博客系统 BlogDB 数据库的存储过程和触发器。

3. 实验步骤

（1）完成本章实例内容。

（2）在 BlogDB 数据库中创建一个存储过程，输入用户名，可以查看用户发表的文章。代码如下：

```
USE BlogDB
IF EXISTS(SELECT name FROM sysobjects
          WHERE name ='pubnum' AND type ='p')
    DROP PROCEDURE pubnum
GO
CREATE PROCEDURE pubnum
@name varchar(10)
AS
BEGIN
    SELECT * FROM Article WHERE Username = @name
END
GO


EXEC pubnum 'xixi' -执行存储过程,进行参数传递
```

（3）在 BlogDB 数据库的表"Article"中创建触发器"del_pub"，用于删除文章，但文章有人评论时不能删除。代码如下：

```
USE  BlogDB
IF EXISTS(SELECT name FROM sysobjects
WHERE name ='del_pub' AND type ='tr')
DROP TRIGGER del_pub
GO
CREATE TRIGGER del_pub
```

```
ON Article
INSTEAD OF DELETE              --创建基于 DELETE 事件的 INSTEAD OF 触发器
AS
BEGIN
    DECLARE @aid int
    SELECT @aid = ArticleID FROM deleted
    IF EXISTS(SELECT * FROM Comment WHERE Articleid = @aid)
        PRINT '此文章不存在,不能删除'
ROLLBACK TRANSACTION
END
GO

USE BlogDB                     --删除文章时触发该触发器
GO
DELETE Article WHERE Articleid = '1'
```

4. 问题讨论

（1）存储过程与触发器的区别是什么？

（2）DML 触发器和 DDL 触发器的区别是什么？

（3）AFTER 触发器和 INSTEAD OF 触发器的区别是什么？

知识拓展

思考与练习

一、填空题

1. 系统存储过程通常以＿＿＿＿＿＿＿＿为前缀。

2. 建立一个存储过程的关键字为＿＿＿＿＿＿＿，执行一个存储过程的关键字为＿＿＿＿＿＿＿。

3. 存储过程是 SQL Server 服务器上一组预先定义并编译好的＿＿＿＿＿＿＿＿语句。

4. 触发器可引用视图或临时表，并产生两个特殊的表：＿＿＿＿＿＿＿＿和＿＿＿＿＿＿＿＿。

二、选择题

1. 存储过程由（　　）激活。

A. 自动执行　　　　B. 应用程序　　　　C. 系统程序　　　　D. 以上都是

2. 在一个表上可以建立多个名称不同、类型各异的触发器，每个触发器可以由 3 个动作来引发，但是每个触发器最多只能作用于（　　）个表。

A. 1　　　　　　　　B. 2　　　　　　　　C. 3　　　　　　　　D. 4

3. 在 SQL Server 2019 中，当数据库被修改时，系统自动执行的数据库对象是（　　）。

A. 存储过程　　　　B. 触发器　　　　C. 视图　　　　D. 其他数据库对象

学习评价

评价项目	评价内容	分值	得分
存储过程	能根据项目需求完成存储过程	40	
触发器	能根据项目需求完成触发器	50	
职业素养	提高效率，勤于思考	10	
合计			

第 **10** 章

数据库的安全管理

学习目标

- 能根据数据库安全需求设置 SQL Server 登录身份验证模式。
- 能根据数据库安全需求创建 SQL Server 登录名和数据库用户。
- 能根据数据库安全需求进行权限管理、角色管理和管理架构。
- 能根据数据库安全选择合理的恢复机制。

学习导航

　　本章所介绍的内容属于运行维护阶段。本章重点介绍数据库系统安全知识。本章学习内容在数据库应用系统开发中的位置如图 10－1 所示。

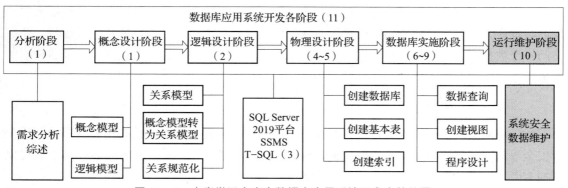

图 10－1　本章学习内容在数据库应用系统开发中的位置

10.1 任务 1：数据库安全性控制

任务目标

- 理解数据库安全性机制。
- 掌握 SQL Server 的身份验证模式。

数据的安全性管理是数据库服务器应实现的重要功能之一。数据的安全性是指保护数据以防止不合法的使用造成数据的泄密和破坏。SQL Server 2019 数据库采用了复杂的安全保护措施，其安全管理体现在对用户登录进行身份验证、对用户的操作进行权限管理。本章介绍使用 T – SQL 方式进行数据库安全管理的方法。

10.1.1 SQL Server 的安全性机制

SQL Server 的安全性机制一般主要包括 3 个方面。

1. 服务器级的安全性

服务器级的安全性主要通过登录账户进行控制，要想访问一个数据库服务器，必须拥有一个登录账户。登录账户可以是 Windows 账户或组，也可以是 SQL Server 的登录账户。登录账户可以属于相应的服务器角色。角色可以理解为权限的组合。

2. 数据库级的安全性

数据库级的安全性是指在用户通过 SQL Server 服务器的安全性检验以后，将直接面对不同的数据库入口，这是用户将接受的第 3 次安全性检验，主要通过用户账户进行控制，要想访问一个数据库，必须拥有该数据库的一个用户账户身份。必须创建由数据库登录名映射的数据库用户，以此获得访问数据库的权利。

3. 数据库对象级的安全性

数据库对象级的安全性通过设置数据对象的访问权限进行控制，检查用户权限的最后一个安全等级。在创建数据库对象时，SQL Server 将自动把该数据库对象的拥有权赋予该对象的拥有者。对象的拥有者可以实现该对象的安全控制。

由此可见，如果一个用户要访问 SQL Server 数据库中的数据必须经过 3 个认证过程：

（1）基于服务器级的用户登录认证，对应于身份认证，控制用户是否可以连接到数据库服务器；

（2）基于数据库级的用户权限许可，对应于数据库级的用户授权，控制用户是否可以访问具体数据库；

（3）基于数据库对象级的权限许可，对应于数据库对象级的用户授权，控制用户是否可以操作数据库中的具体对象。

10.1.2　SQL Server 的身份验证模式

SQL Server 的用户有 5 种类型。Azure Active Directory 是适用于云的标识和访问管理解决方案的下一次革命。它提供了一个标识平台，具有增强的安全性、访问管理功能、可伸缩性和可靠性等。在这里重点讲解以下两种登录方式：

（1）Windows 授权用户：来自 Windows 的用户账号或组；

（2）SQL Server 授权用户：SQL Server 内部创建的 SQL Server 登录账户。

SQL Server 2019 提供 Windows 身份验证模式和混合验证模式，用来识别不同类型的用户并验证与 SQL Server 相连接的能力。

1. Windows 身份验证模式

Windows 身份验证是默认模式（通常称为集成安全），用户登录一旦通过操作系统的验证，Windows 用户无须提供其他凭据。使用此模式与服务器建立的连接称为信任连接，这是默认的身份验证模式，比混合模式更安全。

2. 混合身份验证模式

混合模式支持由 Windows 和 SQL Server 进行身份验证。用户名和密码保留在 SQL Server 内，其与存储在系统表中的用户名和密码对进行比较，如果正确，则可以登录 SQL Server。使用 SQL Server 身份验证时，设置密码对于确保系统的安全性至关重要。依赖正确的用户名和密码的连接称为非信任连接或 SQL 连接。

10.1.3　设置身份验证模式

第一次安装 SQL Server 或者使用 SQL Server 连接服务器时，需要指定验证模式。对于已经指定验证模式的 SQL Server 服务器，可使用 SSMS 设置或改变验证模式，具体步骤如下：

（1）启动 SSMS 并连接到目标服务器，在"对象资源管理器"窗口中，用鼠标右键单击目标服务器节点，在弹出的菜单中选择"属性"命令，如图 10 – 2 所示。

（2）在"服务器属性 – CYP"窗口中选择左侧"选择页"列表框中的"安全性"选项，打开"安全性"页，如图 10 – 3 所示。

图 10 – 2　使用"对象资源管理器"设置身份验证模式

（3）在"服务器身份验证"选项区域中选择需要的验证模式。用户可以从安全性角度在"登录审核"选项区域中设置以下 4 种审核方式，具体含义如下：

① "无"：不使用登录审核。

② "仅限失败的登录"：记录所有的失败登录。

③ "仅限成功的登录"：记录所有的成功登录。

④ "失败和成功的登录"：记录所有的登录。

（4）单击"确定"按钮，完成登录验证模式的设置。

> **提示**：在设置了身份验证模式后，需要打开 SQL Server 配置管理器将 SQL Server 服务重新启动，配置更改才会生效。

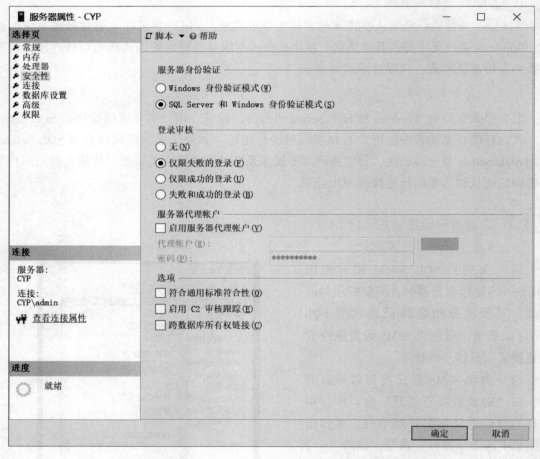

图 10 – 3 "服务器属性 – CYP"窗口的"安全性"页

10.2　任务 2：SQL Server 登录管理

任务目标

- 理解登录名的作用。
- 掌握创建登录名的 T - SQL 方法。

登录名是 SQL Server 服务器级的主体，属于服务器级的安全策略。要连接到数据库，首先要有一个合法的登录名。

10.2.1　为 Windows 授权用户创建登录名

使用 Windows 的用户连接 SQL Server 时，SQL Server 依赖操作系统的身份验证，并且只检查 Windows 用户是否在这个 SQL Server 实例上映射了登录名。

在默认情况下，只有本地 Windows 系统管理员组的成员和启动 SQL Server 服务的账户才能访问 SQL Server。可通过 T - SQL 语句为 Windows 用户或者组创建登录名以授权对 SQL Server 实例的访问。

假设在本地机“CYP”中有表 10 - 1 所示的 Windows 用户，试为他们创建在 SQL Server 实例中的登录名，实现以 Windows 身份验证连接 SQL Server 实例，进行对 Library 数据库的访问。

表 10 - 1　为 Windows 用户和组创建 SQL Server 登录名

序号	Windows 用户	用户密码	SQL Server 登录名	默认数据库	数据库用户
1	CYP \ Shangjin	＊＊＊＊＊＊	CYP \ Shangjin	Library	Shangjin
2	CYP \ Zhaoyeqing	＊＊＊＊＊＊	CYP \ zhaoyeqing	Library	Zhaoyqqing
3	admin	＊＊＊＊＊＊	CYP \ admin	—	—

使用 T - SQL 语句创建 Windows 用户登录名的语法格式如下：

```
CREATE  LOGIN 登录名
FROM WINDOWS
WITH DEFAULT_DATABASE = 默认数据库名,
……
```

有关详细语法格式及参数查阅 Microsoft SQL Server 联机丛书。

【例 10 - 1】　使用 T - SQL 语句为 Windows 用户“CYP \ Shangjin”对 SQL Server 实例的访问创建一个登录名，默认数据库为“Library”。代码如下：

```
CREATE LOGIN [CYP \Shangjin]
FROM Windows
WITH DEFAULT_DATABASE = Library
```

执行此代码，当以 Windows 用户 "CYP\Shangjin" 的账户登录计算机时，可以连接 SQL Server 实例。

提示：必须以 Windows 计算机管理员 "Adminstrator" 的账户登录计算机或具有相应管理员权限的用户才能为 Windows 用户或 Windows 组创建登录名。

使用 T – SQL 语句创建 Windows 组的登录名的语法格式与创建 Windows 用户的登录名的语法格式相同，这里不再赘述。

10.2.2 为 SQL Server 授权用户创建登录名

如果选择使用 SQL Server 身份验证连接 SQL Server，则需要创建一个登录名并为其设置一个密码，用户在连接到 SQL Server 实例时必须提供这个登录名和密码。

1. 使用 T – SQL 语句创建 SQL Server 用户的登录名

使用 T – SQL 语句创建 SQL Server 用户的登录名的语法格式如下：

```
CREATE   LOGIN 登录名
WITH PASSWORD = 密码[,
WITH DEFAULT_DATABASE =默认数据库名][,
DEFAULT_LANGUAGE =[简体中文]] | …
……
```

有关详细语法及其参数参见 Microsoft SQL Server 联机丛书。

【**例 10 – 2**】 分别为两个学生创建各自的 SQL Server 用户的登录名：登录名 "yangjing"（密码 "2021051001"）、登录名 "wangli"（密码 "2021055001"）。默认数据库为 "Library"。

（1）在 "查询编辑器" 中输入以下 T – SQL 语句：

```
CREATE LOGIN yangjing
WITH PASSWORD = '2021051001',
DEFAULT_DATABASE = Library
GO
CREATE LOGIN wangli
WITH PASSWORD = '2021055001',
DEFAULT_DATABASE = Library
GO
```

执行以上语句即可创建相应的 SQL Server 用户的登录名。

（2）展开"对象资源管理器"中的"安全性"→"登录名"节点，可查看新建的两个 SQL Server 用户的登录名，如图 10 - 4 所示。

图 10 - 4　新建的 SQL Server 用户的登录名

（3）单击"连接到服务器"窗口，选择"SQL Server 身份验证"选项，输入登录名 "yangjing"和密码"2021051001"，如图 10 - 5 所示。

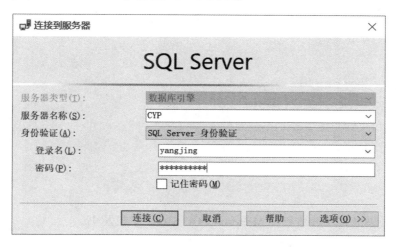

图 10 - 5　使用 SQL Server 身份验证连接 SQL Server

（4）单击"连接"按钮以后，会出现连接失败并提示无法打开默认数据库，如图 10 - 6 所示。这是因为登录名"yangjing"还不是默认数据库的合法用户。下一节讲述数据库用户 的概念和创建方法。

【例 10 - 3】　使用系统存储过程"sp_addlogin"创建 1 个登录账户，登录名和密码分别 为："ABC"和"123"。代码如下：

图 10-6 使用 SQL Server 用户的登录名 "yangjing" 连接 SQL Server 失败

```
EXEC sp_addlogin 'ABC','123'
```

2. 内置 SQL server 用户的登录名

sa 是内置的 SQL Server 用户登录名，对 SQL Server 有完全的管理权限，能够完全控制 SQL Server 的任何一个特性。如果启用 SQL Server 身份验证模式安装，在安装过程中将强制为该登录名设置密码。密码修改可参考图 10-4，双击登录名 "sa" 即可。

10.2.3 修改和删除登录名

使用 T-SQL 语句可以修改和删除登录名。

1. 使用 T-SQL 语句修改登录名

基本语法格式如下：

```
ALTER LOGIN 登录名
……
PASSWORD = 'password'
OLD_PASSWORD = 'oldpassword'
DEFAULT_DATABASE = database
DEFAULT_LANGUAGE = language
NAME = login_name
……
```

有关详细语法格式及参数查阅 Microsoft SQL Server 联机丛书。

2. 使用 T-SQL 语句删除登录名

基本语法格式如下：

```
DROP  LOGIN 登录名
```

例如，删除登录名 "ABC"，则 T-SQL 语句如下：

```
DROP  LOGIN ABC
```

10.3　任务 3：用户管理

任务目标

- 理解登录名与数据库用户名之间的关系。
- 掌握用户管理的方法。

能够登录到 SQL Server，并不表明一定可以访问数据库，登录用户只有成为数据库用户才能访问数据库。

在一个数据库中，用户账号唯一标识一个用户，用户对数据库的访问权限以及对数据库对象的所有关系都是通过用户账号来控制的。一般来说，登录账号和用户账号相同可方便操作，登录账号和用户账号也可不同，而且同一个登录账号可以关联多个用户账号。

10.3.1　创建数据库用户

1. 使用 T – SQL 语句创建数据库用户

使用 T – SQL 语句创建数据库用户的语法格式如下：

```
CREATE USER 用户名
FOR |FROM LONGIN 登录名
……
[WITH DEFAULT_SCHEMA =[架构名]]
```

有关详细语法及参数查阅 Microsoft SQL Server 联机丛书。

【例 10 – 4】　为前面创建的登录名授权对 Library 数据库的访问。代码如下：

```
USE Library
GO
 -- 为 Windows 用户的登录名创建用户
CREATE USER sj FOR LOGIN [CYP \Shangjin]
GO
 -- 为 SQL Server 用户的登录名创建数据库用户
CREATE USER yj FOR LOGIN yangjing
CREATE USER wl FOR LOGIN wangli
GO
```

提示："＼"字符不是规则规定的字符，必须使用界定符（即方括号）加以界定。

为了使系统易于维护，一般将数据库用户名与登录名保存为一致。所创建的 Library 数据库的数据库用户如图 10 – 7 所示。

【例 10 – 5】 使用系统存储过程 "sp_grantdoaccess" 创建 Library 数据库的一个用户账号 "U1"，关联的登录名为 "ABC"。代码如下：

```
USE Library
EXEC sp_grantdbaccess 'ABC','U1'
```

2. 内置数据库用户

在 SQL Server 的数据级上存在着两个特殊的数据库用户，分别是 dbo（Database Owner）和 guest。

dbo 是数据库的拥有者，它存在于每个数据库下，是数据库的管理员。dbo 用户对应于创建该数据库的登录账户，所有系统数据库的 dbo 用户都对应于 sa 登录账户。

guest 用户存在于每个数据库下，即使 SQL Server 登录账号没有向要访问的数据中映射账号，也将以 guest 用户的身份访问数据库，它拥有管理员对 guest 用户定义的数据库对象的使用权限。

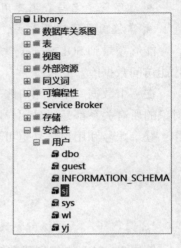

图 10 – 7　创建的数据库用户

10. 3. 2　修改和删除数据库用户

使用 SSMS 和 T – SQL 语句均可以修改和删除数据库用户。

1. 使用 T – SQL 语句修改数据库用户

基本语法格式如下：

```
ALTER USER  用户名
  WITH <设置项>[,…,n]
  NAME = 新用户名
   | DEFAULT_SCHEMA = 架构名
   | LOGIN = 登录名
  ……
```

2. 使用 T – SQL 语句删除数据库用户

基于语法格式如下：

```
DROP USER 用户名
```

【例 10 – 6】 使用系统存储过程 "sp_revokedbaccess" 删除 Library 数据库的用户账号 "U1"。代码如下：

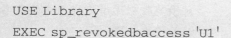
```
USE Library
EXEC sp_revokedbaccess 'U1'
```

10.4 任务 4：权限管理

任务目标

- 理解权限的概念。
- 掌握常用的权限管理方法。
- 掌握最基本的 T–SQL 语句管理权限。

用户可以进行 SQL Server 登录管理和用户管理外，还必须具有服务器的管理和数据库对象的访问的相应许可权限。

10.4.1 权限概述

服务器权限允许数据库管理员执行管理任务，固定在服务器角色（Fixed Server Roles）中，可以分配给登录用户。服务器角色是不能修改的，详细介绍见 10.5 节。

数据库权限用于控制对数据库对象的访问和语句执行。在 SQL Server 中，数据库权限分为数据库对象权限和数据库语句权限。对权限的管理包含以下 3 个内容：

（1）授予权限（GRANT）：允许用户或角色具有某种权利；

（2）回收权限（DENY）：删除以前数据库内的用户授予或拒绝的权限；

（3）拒绝权限（REVOKE）：拒绝给当前数据内的安全账户授予权限并防止安全账户通过其组或角色成员继承权限。

10.4.2 数据库对象权限

数据库对象权限是授予数据库用户对数据库中的表、视图和存储过程等对象的操作权，相当于数据库操作语言的语句权限。

对于表和视图，拥有者可以授予用户对于表的 INSERT、UPDATE、DELETE 和 SELECT 权限，对于列的 SELECT 和 UPDATE 权限，对于外码的引用 REFERENCES 权限以及对于存储过程的执行 EXEXUTE 权限。

1. 授予权限

基本语法格式如下：

```
GRANT 对象权限名[ ,…]              ––授予某操作权限
ON <表名|视图名|存储过程名 >        ––对于某数据库对象
```

```
TO <数据库用户名 |用户角色名 >[,…]          -- 对于某数据库用户或用户角色名
[WITH GRANT OPTION]                   -- 赋予授权权限
```

【**例 10 – 7**】 为学生用户"yj"和"wl"能够查询 Library 数据库中的表"Reader""Book"和"Borrow"表，能够修改表"Reader"中的邮箱"Email"，试授予这些用户 SELECT 操作权限和 UPDATE（Email）操作权限，同时获得将此权限转授给别的用户的权限。代码如下：

```
USE Library
/*授予用户对表"Book"的 SELECT 查询权限 * /
GRANT SELECT
ON Book
TO yj,wl
/*授予用户对表"Borrow"的 SELECT 查询权限 * /
GRANT SELECT
ON Borrow
TO yj,wl
/*授予用户对表"Reader"的 SELECT 查询权限和 UPDATE 更新权限 * /
GRANT SELECT,UPDATE(Email)
ON Reader
TO yj,wl
WITH GRANT OPTION
GO
```

远行结果如图 10 – 8 所示。

图 10 – 8　授予与转授数据库对象权限

2. 回收权限

基本语法格式如下：

```
REVOKE 对象权限名[,…]              -- 回收某操作权限
ON <表名 |视图名 |存储过程名 >       -- 指定数据库对象
TO <数据库用户名 |用户角色名 >[ ,…]  -- 从某数据库用户
[RESTRICT |CASCADE]
```

功能：从指定数据库用户那里回收指定对象的指定操作。

提示：RESTRICT 表示当不存在连锁回收时，才能回收权限，否则系统拒绝回收。CASCADE 表示回收权限时要引起连锁回收，即从用户那里收回权限时，要把转授出去的同样的权限回收。

【例 10 – 8】　从数据库用户"yj"那里收回对数据库对象表"Reader"的更新 UPDATE（Email）操作权限。代码如下：

```
-- 回收表"Reader"的更新操作权限
USE Library
GO
REVOKE UPDATE (Email)
ON Reader
FROM yj
CASCADE
```

3. 拒绝权限

基本语法格式如下：

```
DENY 对象权限名[,…]               -- 拒绝某操作权限
ON <表名 |视图名 |存储过程名 >      -- 对于某数据库对象
TO <数据库用户名 |用户角色名 >[ ,…] -- 对于某数据库用户
```

功能：对指定数据库对象，拒绝将指定操作权限授予指定的用户。

【例 10 – 9】　对于数据库对象表"Borrow"，拒绝数据库用户"yj"进行查询。代码如下：

```
-- 拒绝对对象表"Borrow"进行查询
USE Library
GO
DENY SELECT
ON Borrow
TO yj
GO
```

10.4.3 数据库语句权限

数据库对象权限使用用户能够访问存在于数据库中的对象，除了数据库对象权限外，还可以为用户分配数据库语句权限。

1. 使用 T – SQL 语句对数据库语句授予权限

基本语法格式如下：

```
GRANT 语句权限名[ ,…]                        - - 授予某语句权限
TO < 数据库用户名 |用户角色名 >[ ,…]          - - 对于某数据库用户
```

功能：将数据库语句权限授予指定的用户。

【例 10 – 10】 授予 Library 数据库用户 "sj" 创建数据库表的权限。代码如下：

```
USE Library
GO
GRANT CREATE TABLE
TO sj
```

2. 使用 T – SQL 语句对数据库语句回收权限

基本语法格式如下：

```
REVOKE 语句权限名[ ,…]                        - - 收回某语句权限
FROM < 数据库用户名 |用户角色名 >[ ,…]        - - 从某数据库用户
```

功能：从指定数据库用户那里回收数据库语句权限。

【例 10 – 11】 回收数据库用户 "sj" 创建数据库表的权限。代码如下：

```
USE Library
GO
REVOKE CREATE TABLE
FROM sj
```

3. 拒绝权限

基本语法格式如下：

```
DENY 语句权限名[ ,…]                          - - 拒绝某语句权限
TO < 数据库用户名 |用户角色名 >[ ,…]          - - 对于某数据库用户
```

功能：拒绝将指定语句权限授予指定的用户。

【例 10 – 12】 拒绝授予数据库用户 "sj" 创建数据库表的权限。代码如下：

```
USE Library
GO
DENY CREATE TABLE
TO sj
```

10.5　任务 5：角色管理

任务目标

● 理解角色的概念。

● 掌握管理角色的方法。

角色是一种权限机制。SQL Server 管理员可以将某些用户设置为某一角色，这样只对角色进行权限设置便可实现多个用户权限的设置，从而便于管理。角色用来将很多权限分配给各个用户这一复杂任务的管理。

10.5.1　服务器级角色

1. 服务器级角色概述

服务器级角色是建立在 SQL Server 服务器上，由系统预定义的，用户不能创建新的服务器角色，而只能选择合适的、已固定的服务器级角色。

在"对象资源管理器"中，选择"安全性"节点，展开"服务器角色"节点，如图 10 – 9 所示。

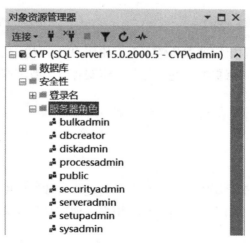

图 10 – 9　固定服务器角色

SQL Server 2019 共有 9 种固定服务器角色，见表 10 – 2。

表 10 – 2　固定服务器角色

序号	角色名称	权限
1	bulkadmin	批量管理员，可以执行 BULK INSERT 语句，执行大容量数据插入操作
2	dbcreator	数据库创建者，可以创建、更改和删除数据库
3	diskadmin	磁盘管理员，可以管理磁盘文件
4	public	每个 SQL Server 登录名都隶属于 public 固定服务器角色
5	processadmin	进行管理员，可以管理在 SQL Server 中运行的进程
6	securityadmin	安全管理员，可以管理登录
7	serveradmin	服务器管理员，可以设置服务器范围的配置选项
8	setupadmin	安装管理员，可以管理连接服务器和启动过程
9	sysadmin	系统管理员，可以在 SQL Server 中执行任何活动

2. 使用 T – SQL 语句为登录用户分配固定服务器角色

下面两个存储过程分别用来添加和删除固定服务器角色成员：

```
sp_addsrvrolemember
sp_dropsrvrolemember
```

【例 10 – 13】　在服务器角色"dbcreator"中添加登录名"CYP\Shangjing"，使 Windows 用户"Shangjin"协助数据库管理员完成在服务器中创建和修改数据库的任务。

执行以下存储过程：

```
EXEC sp_addsrvrolemember 'CYP\Shangjin','dbcreator'
```

通过为登录用户分配固定服务器角色，可以使用户具有相应执行管理任务的权限。固定服务器角色的维护比单个权限更容易些，但是固定服务器角色不能自行创建、修改和删除。

10.5.2　数据库角色

1. 数据库角色概述

在创建每个数据库时都会添加数据库角色到新创建的数据库中，每个数据库角色对应相应的权限。这些数据库角色用于授权给数据库用户，拥有某种或某些数据库角色的用户会获得相应数据库角色对应的权限。

在"对象资源管理器"中，选择具体数据库"Library"的"安全性"节点，展开"角色"节点，如图 10 – 10 所示。

图 10 - 10　固定数据库角色

1）固定数据库角色

固定数据库角色是指这些角色所具有的权限已被 SQL Server 定义，并且 SQL Server 管理员不能对其所具有的权限进行任何修改。固定数据库角色及相应的权限见表 10 - 3。

表 10 - 3　固定数据库角色及相应的权限

序号	角色名称	权限
1	db_accessadmin	可以为 Windows 登录账号、Windows 组、SQL Server 登录账号设置权限
2	db_backupoperator	可以备份数据库
3	db_datareader	可以读取所有用户表中的所有数据
4	db_datawriter	可以在所有用户表中添加、删除或修改数据
5	db_ddladmin	可以在数据库中运行任何数据定义语言命令
6	db_denydatareader	不能读取所有用户表中的任何数据
7	db_denydatawriter	不能在数据库内的用户表添加、修改或删除数据
8	db_owner	可以执行数据库的所有配置和维护活动
9	db_securityadmin	可以修改角色成员身份和管理权限
10	public	每个数据库用户都属于 public 固定数据库角色。当尚未对某个用户授予特定权限或角色时，该用户将继承 public 固定数据库角色的权限

2）用户自定义的数据库角色

当固定数据库角色不能满足要求时，用户可以使用 T – SQL 语句创建新的数据库角色，使这一数据库角色拥有某个或某些权限；创建的数据库角色还可以修改其对应的权限。无论使用哪种方法，用户都需要完成下列任务：

（1）创建新的数据库角色；

（2）分配权限给创建的数据库角色；

（3）将这个数据库角色授予某些用户；

2. 使用 T – SQL 语句创建数据库角色

基本语法格式如下：

```
CREATE ROLE   数据库角色名
[AUTHORIZATION 拥有者]
```

【例 10 – 14】 创建数据库角色"TeachersRole"。

执行以下存储过程：

```
USE Library
GO
CREATE ROLE  TeachersRole
```

通过为数据库用户分配数据库角色，可以使数据库用户具有相应访问数据库的权限。

创建数据库角色后，可以使用 GRANT、DENY 和 REVOKE 配置数据库角色的数据库级权限，其方法与数据库用户进行权限管理相同，此处不再赘述。

3. 使用 T – SQL 语句为数据库用户分配数据库角色

使用"sp_addrolemember"和"sp_droprolemember"存储过程添加和删除数据库角色的成员。

【例 10 – 15】 指定数据库用户"yj"为数据库角色"TeachersRole"的成员。

执行以下存储过程：

```
USE Library
GO
EXECUTE sp_addrolemember  'TeachersRole','yj'
```

10.6 任务6：管理架构

任务目标

- 理解架构的概念。

- 掌握管理架构的方法。

架构（Schema）是指包含表、视图、存储过程等的容器。它位于数据库内部，而数据库位于服务器内部。这些实体就像嵌套框放置在一起，服务器是最外面的框，而架构是最里面的框。SQL Server 对象完整的标识符包含 4 个部分：服务器、数据库、架构、对象。

10.6.1　架构概述

数据库架构（Schema）是一组数据库对象的集合，可看成对象的容器。任何用户都可以拥有架构，但是一个架构只能有一个拥有者，架构的所有权可以转移。如果没有定义 DEFAULT_SCHEMA，则所创建的数据库用户将"dbo"作为默认架构。SQL Server 对象完整的标识符包含服务器、数据库、架构和对象。

例如，在创建表"Student"时没有指定架构，那么系统默认该表的架构是"dbo"，在表名前自动加上"dbo"，标识为"dbo. Student"。这就是我们经常看到所创建和引用的数据库对象通常加有前缀"dbo"的原因。

10.6.2　创建架构

创建架构的基本语法格式如下：

```
CREATE SCHEMA 架构名
AUTHORIZATION 拥有者
｛ CREATE TABLE |CREATE VIEW |权限语句｝
……
```

其中，拥有者是数据库用户或角色。

【例 10 – 16】　在 Library 数据库中，创建由数据库用户"sj"所拥有的架构"Shangjin"，并在其中创建表"reader1"。向"yj"授予 SELECT 权限，而对"wl"拒绝授予 SELECT 权限。代码如下：

```
USE Library
GO
CREATE SCHEMA Shangjin AUTHORIZATION sj
    CREATE TABLE reader1(RID  char(10),name char(10))
    GRANT  SELECT toyj
    DENY SELECT towl
```

执行此 T – SQL 语句，即可在 Library 数据库中创建架构"Shangjin"并在架构中创建表"Shangjin. reader1"，如图 10 – 11 所示。

10.6.3 修改和删除架构

1. 修改架构

修改架构可以在架构之间传输安全对象，其语法格式如下：

```
ALTER SCHEMA  架构名 TRANSFER  securable_name
```

【例 10 – 17】 修改架构"dbo"，将表"student1"从架构"Shangjin"传输到架构"dbo"。代码如下：

```
USE Library
GO
ALTER SCHEMA  dbo TRANSFER  Shangjin.reader1
GO
```

执行此 T – SQL 语句，即可将架构"Shangjin"中的表"student1"移入架构"dbo"，如图 10 – 12 所示。

图 10 – 11　创建架构"Shangjin"并在架构中创建表"reader1" 　　图 10 – 12　修改架构"dbo"

2. 删除架构

删除架构的语法格式如下：

```
DROP SCHEMA 架构名
```

10.7 任务 7：数据库的备份与还原

任务目标

- 理解备份与还原的概念。
- 掌握备份与还原的方法。

在数据库应用环境中，计算机系统的各种软、硬件故障，人为破坏及用户误操作等不可避免地导致数据丢失。为了有效防止数据丢失，保障数据的安全性，尽快恢复系统正常工作并把损失降到最低，应该为系统创建备份并提供相应的备份和还原策略。

1. 备份的重要性

"备份"是数据的副本，用于在系统发生故障后还原和恢复数据。可能造成数据损失的原因有很多，包括以下几个方面：

（1）存储介质故障：保存数据库文件的磁盘设备损坏，用户没有数据库备份导致数据彻底丢失。

（2）用户错误操作：如误删了某些重要数据，甚至整个数据库。

（3）服务器彻底瘫痪：如数据库服务器彻底瘫痪，系统需要重建。

（4）计算机病毒：人为的故障或破坏，对计算机系统包括数据库系统的破坏。

2. 备份术语

备份术语见表 10 - 4。

表 10 - 4　备份术语

序号	术语	描述
1	备份［动词］	创建备份［名词］的过程，方法是通过复制 SQL Server 数据库中的数据记录或复制其事务日志记录
2	备份［名词］	可用于在出现故障后还原或恢复数据的数据副本。数据库备份还可用于将数据库副本还原到新位置
3	备份设备	要写入 SQL Server 备份及能从中还原这些备份的磁盘或磁带设备
4	备份介质	已写入一个或多个备份的一个或多个磁带或磁盘文件
5	数据备份 （Data Backup）	完整数据库的数据备份（数据库备份）、部分数据库的数据备份（部分备份）或一组数据文件或文件组的数据备份（文件备份）
6	数据库备份 （Database Backup）	数据库的备份。完整数据库备份表示备份完成时的整个数据库。差异数据库备份只包含最近完整备份以来对数据库所作的更改
7	差异备份 （Differential Backup）	一种数据备份，基于完整数据库或部分数据库或一组数据文件或文件组（差异基准）的最新完整备份，并且仅包含确定差异基准以来发生更改的数据

序号	术语	描述
8	完整备份 （Full Backup）	一种数据备份，包含特定数据库或者一组特定的文件组或文件中的所有数据，以及可以恢复这些数据的足够的日志
9	日志备份 （Log Backup）	包括以前日志备份中未备份的所有日志记录的事务日志备份（完整恢复模式）
10	文件和文件组备份	文件和文件组备份是以文件和文件组作为备份的对象，可以针对数据库特定的文件或特定文件组内的所有成员进行数据备份处理。在使用这种备份时，应该搭配事务日志备份一起使用
11	Recovery	将数据库恢复到事务一致状态的数据库启动阶段或 Restore With Recovery 阶段
12	恢复模式	用于控制数据库上的事务日志维护的数据库属性。有 3 种恢复模式：简单恢复模式、完整恢复模式和大容量日志恢复模式。数据库的恢复模式确定其备份和还原要求
13	还原（Restore）	一种包括多个阶段的过程，用于将指定 SQL Server 备份中的所有数据和日志页复制到指定数据库，然后通过应用记录的更改使该数据在时间上向前移动，以前滚备份中记录的所有事务

3. 恢复模式与设置

恢复模式是一种数据库属性，它控制如何记录事务、事务日志是否需要（以及允许）进行备份，以及可以使用哪些类型的还原操作。

有 3 种恢复模式：简单恢复模式、完整恢复模式和大容量日志恢复模式。通常，数据库使用完整恢复模式或简单恢复模式。数据库可以随时切换为其他恢复模式。

1）简单恢复模式

简单恢复模式不支持要求事务日志备份的操作，最新备份之后的更改不受保护。在发生灾难时，这些更改必须重做。

图 10－13 所示为简单恢复模式下最简单的备份与还原策略。此策略仅使用包含数据库中所有数据的完整数据库备份。存在 5 个完整数据库备份，但只需要还原最近的备份（在 t5 时点执行的备份）。还原此备份会将数据库恢复到 t5 时点。由 t6 框表示的所有后续更新都将丢失。

2）完整恢复模式

完整恢复模式使用日志备份，在最大范围内防止出现故障时丢失数据，这种模式需要备份和还原事务日志（"日志备份"）。使用日志备份的优点是允许将数据库还原到日志备份所包含的任何时点（"时点恢复"）。可以使用一系列日志备份将数据库前滚到其中一个日志备份所包含的任意时点。请注意，为了最大限度地缩短还原时间，可以对相同数据进行一系列差异备份以补充每个完整备份。

　　假定可以在发生严重故障后备份活动日志，则可将数据库一直还原到没有发生数据丢失的故障点处。使用日志备份的缺点是它们需要使用存储空间并会增加还原时间和复杂性。

　　图 10-14 所示为在完整恢复模式下的最简单的备份策略。在此图中，已完成了完整数据库备份 Db_1 以及两个例行日志备份 Log_1 和 Log_2。在 Log_2 日志备份后的某个时间，数据库出现数据丢失。在还原这 3 个备份前，数据库管理员必须备份活动日志（日志尾部），然后还原 Db_1、Log_1 和 Log_2，而不恢复数据库。接着数据库管理员还原并恢复结尾日志备份（Tail）。这将把数据库恢复到故障点，从而恢复所有数据。

　　3）大容量日志恢复模式

　　大容量日志恢复模式是一种特殊用途的恢复模式，只应偶尔用于提高某些大规模大容量操作（如大量数据的大容量导入）的性能。建议尽量减少大容量日志恢复模式的使用。最好的方法是在一组大容量操作之前切换到大容量日志恢复模式，执行操作，然后立即切换回完整恢复模式。

　　可在某一特定需要备份与还原的数据库如 Library 数据库中，用鼠标右键单击选择"属性"命令，在"数据库属性 – Library"→"选项"→"恢复模式"的下拉列表中进行设置。

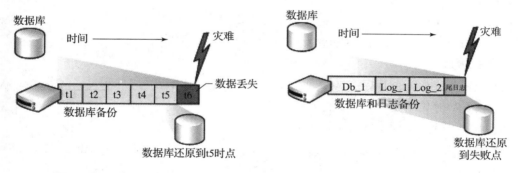

图 10-13　简单恢复模式策略　　　　　　　图 10-14　完整恢复模式策略

【例 10-18】　用 T-SQL 语句完成 Library 数据库的备份与还原。代码如下：

```
--完整备份
BACKUP DATABASE Library
TO DISK ='D:/Backup/Library_Full_20210424.bak'
--差异备份
BACKUP DATABASE Library
TO DISK ='D:/Backup/Library_Diff_20210424.bak'
WITH DIFFERENTIAL
--日志备份,默认截断日志
--日志文件备份
```

```
ALTER DATABASE Library
SET
RECOVERY  FULL   --不能是简单 Simple 模式
BACKUP LOG Library
TO DISK ='d:\backup\Library-log-20210424'
 --日志备份,不截断日志
BACKUP LOG Library
TO DISK ='D:/Backup/Library_Log_20210424.bak'
WITH No_Truncate
 --文件备份
EXEC sp_helpdb Library --查看数据文件
BACKUP DATABASE Library
FILE ='Library_dat'   --数据文件的逻辑名
TO DISK ='D:/Backup/Library_File_20210424.bak'
 --文件组备份
EXEC sp_helpdb Library --查看数据文件
BACKUP DATABASE Library
FileGroup ='Primary'   --数据文件的逻辑名
TO DISK ='D:/Backup/Library_FileGroup_20070908.bak'
WITH INIT
 --分割备份到多个目标
 --恢复的时候不允许丢失任何一个目标
BACKUP DATABASE Library
TO DISK ='D:/Backup/Library_Full_1.bak',disk ='D:/Backup/Library_
Full_2.bak'
 --每天生成一个备份文件
DECLARE @Path nvarchar(2000)
SET @Path ='D:/Backup/Library_Full_'+Convert(Nvarchar,Getdate(),
112)+'.bak'
 --从 NoRecovery 或者 Standby 模式恢复数据库为可用
RESTORE DATABASE Library
WITH Recovery
 --查看目标备份中的备份集
Restore HeaderOnly
FROM DISK ='D:/Backup/Library_Full_20210424.bak'
 --查看目标备份的第一个备份集的信息
```

```
Restore FileListOnly
FROM DISK ='D:/Backup/Library_Full_20210424.bak'
With File =1
 --查看目标备份的卷标
RESTORE LabelOnly
FROM DISK ='D:/Backup/Library_Full_20210424.bak'
```

读者可自行根据例 10 – 18 上机调试实践，理解备份与还原的作用。

本章介绍了 SQL Server 的安全体系结构和数据库安全性管理。涉及内容包括身份验证模式的设置、登录管理、数据库用户管理、权限管理、角色管理、架构管理以及数据库的备份与还原。

10.8　任务训练——数据库安全管理

1. 实验目的

（1）掌握登录名、数据库用户、数据库权限、角色、架构等的管理。

（2）掌握数据库备份与还原的方法。

2. 实验内容

（1）完成本章实例中的内容。

（2）在 BlogDB 数据库的基础上创建具有超级管理员和普通游客身份的权限设置。

（3）完成 BlogDB 数据库的备份与还原。

3. 实验步骤

（1）利用 T – SQL 方式练习本章实例。

（2）参考本章实例完成超级管理员和普通游客身份的权限管理。

（3）参考本章实例完成 BlogDB 数据库的备份与还原。

4. 问题讨论

（1）登录名、数据库用户名有何关系？

（2）可否进行指定时间点的数据库的备份与还原？

知识拓展

思考与练习

一、填空题

1. SQL Server 2019 用户安全认证有两种模式，分别是＿＿＿＿＿和＿＿＿＿＿。

2. 对某一数据库进行完整性备份，用鼠标右键单击该数据库，在出现的快捷菜单中选择＿＿＿＿＿选项。

二、选择题

1. SQL Server 2019 的安全性管理可分为 4 个等级，不包括（　　　）。

　　A. 操作系统级　　　　　　　　　　B. 用户级

　　C. SQL Server 级　　　　　　　　　D. 数据库级

2. 对访问 SQL Server 实例的登录有两种验证模式：Windows 身份验证和（　　　）身份验证。

　　A. Windows NT 模式　　　　　　　B. 混合身份验证模式

　　C. 两者都可以　　　　　　　　　　D. 以上都不对

3. 进行数据库差异备份之前，需要进行（　　　）备份。

　　A. 数据库完整备份　　　　　　　　B. 数据库差异备份

　　C. 事务日志备份　　　　　　　　　D. 文件和文件组备份

学习评价

评价项目	评价内容	分值	得分	
SQL Server 登录 身份验证模式	理解 SQL Server 登录身份验证模式	10		
登录名与数据库用户	能创建登录名与数据库用户	30		
权限管理与角色管理	能完成权限管理与角色管理	40		
数据库恢复	能完成数据库恢复	10		
职业素养	具有法制意识、安全防范能力	10		
合计				

第**11**章

人力资源管理系统

本章以人力资源管理系统为例，从系统分析、设计到系统实现，诠释了数据库系统开发流程。本章旨在使读者明确数据库在整个系统开发中的地位与作用，因此在学习本章时，读者可将本章提供的源代码和数据库进行还原，再分析、理解并掌握数据库系统开发流程。

11.1 任务1：系统分析

数据库系统开发遵循软件工程思想，首先与客户交流，以深刻了解所开发项目背景、总体业务需求、技术要求等内容。本节针对目标系统重点介绍这几方面。

11.1.1 项目背景

随着企业内人力资源管理的网络化和系统化的日益完善，人力资源管理系统在企业管理中越来越受到企业管理者的青睐。人力资源管理系统的功能全面、操作简单，可以存放企业员工的基本信息，分配和管理企业员工的工作任务，实现对企业员工的考勤管理，能够方便快捷地掌握员工的信息、工作进度和工作状态等，降低企业人力资源管理的人力和成本，并提高人力资源管理的效率。使企业真正实现人力资源的网络化、系统化和管理的科学化。

11.1.2 总体业务需求概述

本系统是针对中小型企业人力资源管理情况进行设计的，主要实现目标如下：

（1）界面设计美观得体，突出系统特点；

（2）系统整体结构和操作流程合理顺畅，实现人性化设计；

（3）对企业人力资源管理的基本信息进行保存和管理；

（4）提供管理员工信息的功能（人事管理功能）；

（5）实现利用系统对员工考勤进行管理；

（6）实现为员工提供网络工作平台的功能；

（7）实现对员工信息检索的功能；

（8）实现员工在线递交假期申请的功能；

（9）实现企业保存招聘信息、应聘信息及其管理功能；

（10）提供企业对人才信息的管理功能；

（11）实现企业对员工培训的一系列相关信息的管理功能；

（12）实现企业对员工薪酬信息的管理功能；

（13）易安装、易维护和易操作；

（14）系统运行稳定、安全可靠。

11.1.3 开发及运行环境

本章源程序是在 Windows 10 下开发的，用户只要在 Windows 10 下正确配置程序所需的运行环境，就可以使用本书中的源程序。软件开发平台如下：

（1）操作系统：Windows10；

（2）数据库：SQL Server 2019；

（3）开发环境：Dreamweaver CC；

（4）分辨率：最佳效果 1 024 像素×768 像素；

（5）浏览器：IE6.0 及以上版本。

11.2 任务2：系统功能模块设计

任务目标

● 确定系统功能模块。

● 确定系统组织结构。

完成目标系统的需求分析后，下一步即对该系统进行设计，主要完成系统功能模块及界面的设计，本节重点介绍此内容。

11.2.1　系统流程

为了读者能够更好地学习，下面给出人力资源管理系统流程图及其功能结构图。

企业管理者将根据员工的职位（如总经理、部门经理、部长、项目负责人及普通员工等）赋予其不同的权限。当企业内部人员通过登录之后，进入人力资源管理系统，并根据本人所拥有的权限对系统进行操作，行使其应有的权力，若员工对本人所拥有的权限以外的功能进行操作，系统将提示该员工没有此权限。人力资源管理系统流程图如图 11 - 1 所示。

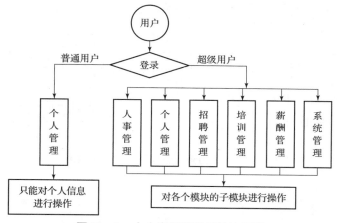

图 11 - 1　人力资源管理系统流程图

11.2.2　系统功能结构

人力资源管理系统主要包括以下功能模块：

（1）人事管理：主要包括人力规划、工作管理和考勤管理 3 个部分。

（2）个人管理：主要包括工作管理、信息检索和个人维护 3 个部分。

（3）招聘管理：主要包括招聘信息管理和企业人才库 2 个部分。

（4）培训管理：主要包括培训计划、培训实施和培训材料 3 个部分。

（5）薪酬管理：主要包括薪酬登记、薪酬修改和薪酬查询 3 个部分。

（6）系统管理：主要包括添加用户信息和管理用户信息 2 个部分。

人力资源管理系统功能结构如图 11 - 2 所示。

11.2.3　系统预览

人力资源管理系统由多个功能模块组成，下面仅列出几个典型的模块运行界面，其他界

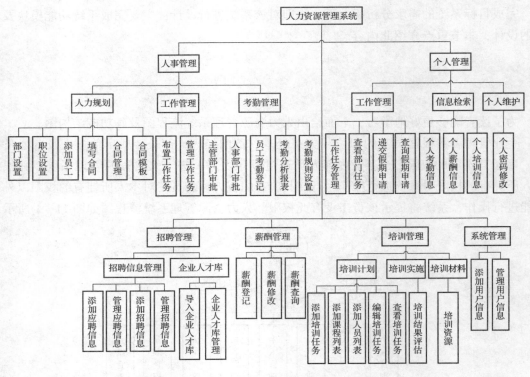

图 11 - 2 人力资源管理系统功能结构图

面参见光盘中的源程序。

系统登录界面如图 11 - 3 所示，该页面用于实现对企业内部人员登录的用户名和密码进行身份验证等功能。个人管理页面如图 11 - 4 所示，该页面用于实现企业内部人员对本人信息的工作管理、信息检索、个人维护等功能。

图 11 - 3 系统登录页面

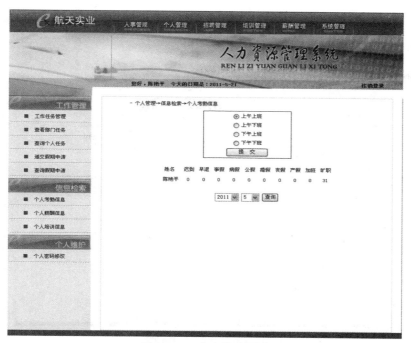

图 11 – 4　个人管理页面

　　人事管理页面如图 11 – 5 所示，该页面用于实现企业的人力规划、工作管理、考勤管理等功能。招聘管理页面图 11 – 6 所示，该页面用于实现企业的招聘信息管理、企业人才库管理等功能。

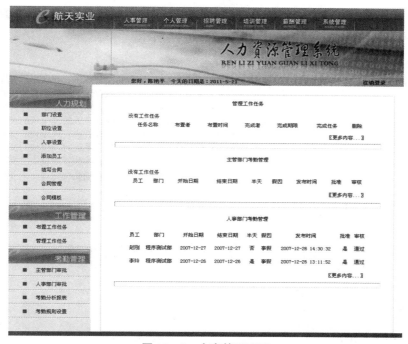

图 11 – 5　人事管理页面

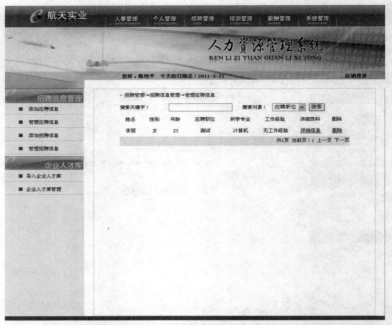

图 11 – 6　招聘管理页面

11.1.4　文件夹组织结构

在进行系统开发前，需要规划网站的架构。通过建立多个文件夹，可以对各个功能模块进行划分，从而实现统一管理。建立合理的文件夹组织结构的好处在于：易于开发、易于管理、易于维护。本系统的文件夹组织结构如图 11 – 7 所示。

图 11 – 7　文件夹组织结构

11.3　任务 3：数据库设计

任务目标

- 确定系统 E – R 图
- 设计系统数据库结构

数据库设计是目标系统设计阶段的重要环节，本系统使用 SQL Server 2019 数据库，应用的数据库名称为"db_Human_res"，db_Human_res 数据库中包含 17 张数据表。下面详细介绍数据库设计过程。

11.3.1　数据库创建

在创建数据库时，首先启动 SQL Server 2019 连接到服务器，然后利用 SSMS 或 T – SQL 语句创建名为"db_Human_res"的数据库，创建数据库的具体步骤参见 4.1 节。

11.3.2　数据库概念设计

通过对系统进行的需求分析、流程设计以及功能结构的确定，规划出系统中使用的数据库对象实体分别为"员工""部门"和"用户"，E – R 图分别如图 11 – 8 ~ 图 11 – 10 所示。

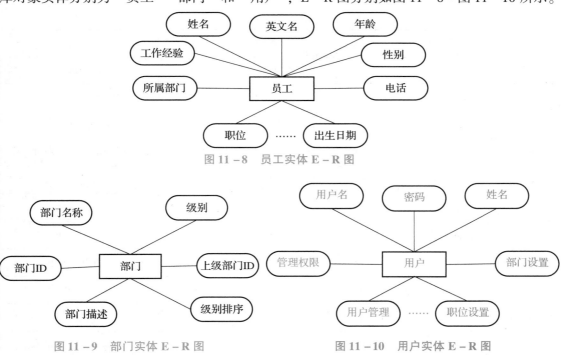

图 11 – 8　员工实体 E – R 图

图 11 – 9　部门实体 E – R 图　　　　图 11 – 10　用户实体 E – R 图

11.3.3　数据库逻辑结构设计

根据数据库概念设计中给出的数据库实体 E – R 图设计数据表结构。有关数据表的创建过程可参考 5.2 节。

1. tb_Dept（部门表）

表"tb_Dept"主要用于保存部门信息，结构见表 11 – 1。

表 11 −1　表 "tb_Dept" 的结构

字段	数据类型	长度	可否为空	键	字段描述
id	int	4	NOT NULL	主	自动编号
title	varchar	100	NULL		部门名称
level	int	4	NULL		级别
shangji	varchar	100	NULL		所属上级部门的 ID
up	varchar	500	NULL		级别排序
[content]	varchar	2 000	NULL		部门描述

2. tb_Leave（假期申请表）

表 "tb_Leave" 主要用于保存假期申请信息，结构见表 11 −2。

表 11 −2　表 "tb_Leave" 的结构

字段	数据类型	长度	可否为空	键	字段描述
id	int	4	NOT NULL	主	自动编号
name	varchar	50	NULL		姓名
kshijian	varchar	50	NULL		假期申请开始时间
jshijian	varchar	50	NULL		假期申请结束时间
bantian	varchar	50	NULL		是否是半天假
jiayin	varchar	50	NULL		请假原因
time	varchar	50	NULL		发布时间
zpi	varchar	50	NULL		主管部门审批
rpi	varchar	50	NULL		人事部门审批
suoshu	int	4	NULL		所属部门
kyear	varchar	50	NULL		假期申请开始年份
kmonth	varchar	50	NULL		假期申请开始月份
kday	varchar	50	NULL		假期申请开始日期
jyear	varchar	50	NULL		假期申请结束年份
jmonth	varchar	50	NULL		假期申请结束月份
jday	varchar	50	NULL		假期申请结束日期

3. tb_KaoqinSetup（考勤时间设置表）

表"tb_KaoqinSetup"主要用于保存考勤时间设置的信息，结构见表 11 - 3。

表 11 - 3　表"tb_KaoqinSetup"的结构

字段	数据类型	长度	可否为空	键	字段描述
id	int	4	NOT NULL	主	自动编号
shangwus	varchar	50	NULL		上午上班时间
shangwix	varchar	50	NULL		上午下班时间
xiawus	varchar	50	NULL		下午上班时间
xiawux	varchar ·	52	NULL		下午下班时间

4. tb_FosterRole（培训任务列表）

表"tb_FosterRole"主要用于保存培训任务信息，结构见表 11 - 4。

表 11 - 4　表"tb_FostRole"的结构

字段	数据类型	长度	可否为空	键	字段描述
id	int	4	NOT NULL	主	自动编号
title	varchar	50	NULL		任务名称
bianhao	varchar	50	NULL		任务编号
Bumen	varchar	50	NULL		培训部门
Danwei	varchar	50	NULL		培训单位
Yusuan	varchar	50	NULL		预算费用
Shijian	varchar	50	NULL		培训时间
Zongzhi	varchar	1 000	NULL		培训宗旨
Time	varchar	20	NULL		发布时间
Guanbi	int	10	NULL		是否开放
Duixiang	varchar	50	NULL		发送的类别
Point	varchar	50	NULL		发送部门或个人姓名 id
fasong	varchar	6	NULL		是否已经发送过

5. tb_Foster_k（培训任务课程列表）

表"tb_Foster_k"主要用于保存培训任务的课程信息，结构见表 11 - 5。

表 11 – 5　表"tb_Fost_k"的结构

字段	数据类型	长度	可否为空	键	字段描述
id	int	4	NOT NULL	主	自动编号
renwu	varchar	50	NULL		任务 ID
title_k	varchar	50	NULL		课程名称
lei	varchar	12	NULL		课程类型
changdu	varchar	50	NULL		课程长度
yuyan	varchar	6	NULL		语种
fangshi	varchar	12	NULL		培训方式
jiansu	varchar	1 000	NULL		课程简述
mudi	varchar	1 000	NULL		课程目的
duixiang	varchar	1 000	NULL		课程对象
content	varchar	1 000	NULL		课程内容
linkman	varchar	1 000	NULL		联系人
time	varchar	20	NULL		发布时间

11.3.4　数据表概要说明

从读者的角度出发，使读者对本系统后台数据库中的数据表有个一个清晰的认识，图 11 – 11 所示为本系统所有数据表。

dbo. tb_Dept	部门表
dbo. tb_Employee	员工信息表
dbo. tb_Foster_f	任务发送表
dbo. tb_Foster_k	培训任务课程列表
dbo. tb_foster_wealth	培训资源表
dbo. tb_FosterRole	培训任务列表
dbo. tb_Job	招聘表
dbo. tb_Jobbase	企业人才库表
dbo. tb_Kaoqin	考勤登记表
dbo. tb_KaoqinSetup	考勤时间设置表
dbo. tb_Leave	假期申请表
dbo. tb_Pact	合同模板
dbo. tb_Seeker	应聘表
dbo. tb_User	用户列表
dbo. tb_Wage	薪金列表
dbo. tb_Work	工作任务表
dbo. tb_ZhiWei	职位表

图 11 – 11　系统数据表

11.4 任务4：功能模块设计与实现

- 掌握各模块功能的设计。
- 掌握各模块功能的实现。

在完成目标系统的设计后，将针对各个功能模块进行设计实现，本节将重点介绍7个功能模块的设计与实现。

11.4.1 公共模块的设计与实现

1. 数据库连接

SQL Server 数据库是功能强大、常用的数据库。由于它强大的功能与安全性能，现在所有大型应用程序都是用 SQL Server 作为数据库。

下面是创建数据库连接的过程。创建名为"conn.asp"的文件，并使用 ADO 技术的 Connection 对象访问 SQL Server 数据库。

【例11-1】 数据库连接源代码（"\Human_res\database\conn.asp"）如下：

```
<%
set conn = server.CreateObject ("Adodb.Connection")  '创建 record-
set 对象
Path = "Provider = SQLOLEDB.1;Persist Security Info = false;server = .;
uid = sa;pwd = 123456; database = db_Human_res"  '使用 ADO 技术连接数据库
conn.open path            '执行语句
%>
```

2. 用户登录

用户通过系统登录才能进入人力资源管理系统进行合法操作，登录功能用于验证用户是否为合法用户。系统登录页面运行结果如图 11-12 所示。

该页面由两部分组成，即用于收集登录信息的前提表单部分和用于验证用户信息的后台处理部分。系统登录页面所涉及的 HTML 表单元素见表 11-6。

用户单击"登录"按钮时，后台对用户的身份进行验证，主要是检索用户名和密码在数据库中是否存在。如果存在则登录成功，进入操作界面，否则登录失败。

【例11－2】 登录验证源代码（"\Human_res\check.asp"）如下：

图 11 –12　系统登录页面运行结果

表 11 – 6　系统登录页面所涉及的 HTML 表单元素

名称	类型	含义	重要属性
Form1	Form	表单	action = "check. asp? action = login" method = "post"
admin_name	text	用户名	class = "wenben" size = "8"
admin_pwd	text	密码	class = "wenben" size = "8"
Submit	image	"登录" 按钮	value = "登录" src = "images/login_04. gif"

```
<! --#include file = DataBase/conn.asp -- >   <! —包含数据库连接文件
-->
  <%
  if request("action") = "login" then        ' 如果登录信息不为空,执行代码
  admin_name = request("admin_name")          ' 获取用户名
  admin_pass = request("admin_pass")          ' 获取密码
  username = trim(request("admin_name"))      ' 去掉数据两侧的空格
  password = trim(request("admin_pass"))      ' 去掉数据两侧的空格
  for i =1 to len(username)                    ' 截取用户名字符串的长度
  user = mid(username,i,1)                     ' 截取用户名中的字符
  if user = "'" or user = "%" or user = "<" or user = ">" or user = "&" or
user = "|" then
```

```
        response.write "<script language=JavaScript>"&"alert('您的用户名含
有非法字符,请重新输入!');"&"history.back()"&"</script>'"     '出现提示对话框
        response.end                                          '结束输出
        end if
        next
        for i=1 to len(password)                              '判断密码中是否含有非法字符
        pass=mid(password,i,1)
        if pass="'" or pass="%" or pass="<" or pass=">" or upass="&" or
pass="|" then
        response.write "<script language=JavaScript>"&"alert('您的密码含
有非法字符,请重新输入!');"&"history.back()"&"</script>"
        response.end
        end if
        next
        '在数据库中检索用户名和密码正确
        set rs=server.CreateObject("adodb.recordset")  '创建 recordset 对象
        sql="select * from tb_User where username='"&admin_name&"' and
userpwd='"&admin_pass&"'"
        rs.open sql,conn,1,1  '打开记录集
        if rs.eof then        '记录集为空也就是说用户名或者密码错误,那么出现提示
窗口,返回登录界面
        response.write "<br><br><br><br><font size=2><center>对
不起,您输入的用户名或密码,请重新输入,谢谢! <br><br>本软件建议您使用 IE6.0
以上版本,分辨率:1024*768<br><br><a href=login.asp>返回</a></
font>"
        else                  '记录集不为空也就是说用户名和密码正确,进入管理页面
        session("admin_name")=request("admin_name")
        response.Redirect("index.asp")
        end if
        rs.close              '调用 Recordset 对象的 Close 方法关闭 Recordset
对象
        set rs=nothing        '释放 Recordset 对象占用的所有资源
        conn.close            '关闭 conn 对象
        set conn=nothing      '释放 conn 对象占用的所有资源
        end if
        %>
```

3. 系统时间

在页面中，除了显示主要的各功能更或者列表以外，还要显示当前的操作用户和当前的日期，即应用 Date( ) 函数获取系统时间，并使用 "< % = rs("name")% >" 获取当前登录用户的姓名，并且将相关代码封装在一个包含文件夹中。

【例 11 - 3】 系统显示时间源代码（ "\Human_res\time.asp"）如下：

```
<! --#include file =DataBase/conn.asp -- >    <! —包含数据库连接文件 -- >
<! --#include file =yan.asp -- >                 <! —包含验证是否登录文件 -- >
<%
set rs = server.CreateObject ( "adodb.recordset")   '创建 recordset 对象
sql = "SELECT dbo.tb_Employee.name FROM dbo.tb_Employee INNER JOIN
dbo.tb_User ON dbo.tb_Employee.id = dbo.tb_User.name where dbo.tb_User.username ='"&session("admin_name")&"'"
rs.open sql,conn,1,1                 '打开记录集
if not rs.eof then                   '如果记录集不为空,执行以下代码
%>
<table width = "663" border = "0" cellspacing = "0" >
  <tr >
    <td width = "5%" align = "left" >  </td >
    <td width = "74%" align = "left" > < span class = "style5" >您好,
<% = rs("name")% >   今天的日期是:<% = Date()% > </span > </td >
    <td width = "21%" align = "right" > < div align = "center" > < a href =
"quite.asp" > < span class = "style5" >注销登录 </span > </a > </div > </td >
  </tr >
</table >
<%
else
response.Redirect("login.asp")          '跳转到登录页面
end if
%>
```

当用户单击"注销登录"超链接时，将 session("admin_name") 的值清空，用户将退出登录，返回登录页面。

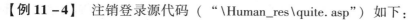

【例 11 – 4】 注销登录源代码（"\Human_res\quite.asp"）如下：

```
<%
session("admin_name") = ""              'session 变量为空
response.Redirect("login.asp")          '跳转到登录页面

%>
```

11.4.2　系统首页设计与实现

1. 概述

用户登录后，便进入系统首页。系统首页主要由三大部分组成，一是功能导航区，链接各个管理模块；二是管理区，链接管理模块的子模块；三是展示区，主要显示所链接模块的内容。

在本系统中，个人管理模块不受访问权限的限制，因此将个人管理模块的页面作为系统首页以方便用户操作。人力资源管理系统首页如图 11 – 13 所示。

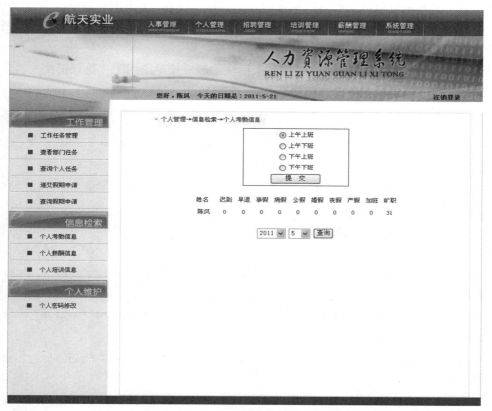

图 11 –13　人力资源管理系统首页

个人管理模块主要包括工作管理、信息检索和个人维护 3 个部分。其中工作管理主要包括工作任务管理、查看部门任务、查看个人任务、递交假期申请、查询假期申请 5 个部分；
信息检索主要包括个人考勤信息、个人薪酬信息、个人培训信息 3 个部分；个人维护主要为
个人密码修改部分。个人模块层次如图 11 – 14 所示。

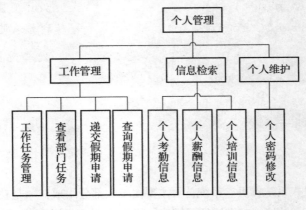

图 11 – 14　个人管理模块层次

2. 系统首页实现

系统首页顶端的导航区能够链接系统的各个模块，在此，应用#include 指令包含导航区
文件，即"top. html"文件。系统首页的左侧是个人管理模块的子模块列表，单击各个子模
块就会在右边的浮动框架中显示子模块的内容。

其中，在"top. html"文件中，链接各个模块的超链接是应用图片热点链接来实现的。

【例 11 – 5】　超链接到各管理模块源代码（"\Human_res\top. html"）如下：

```
<map name = "Map" id = "Map" target = "main" >
  <area shape = "rect" coords = "24,3,92,29" href = "index_r.asp" >
'人事管理页面
  <area shape = "rect" coords = "117,3,182,29" href = "index_g.asp" >
'个人管理页面
  <area shape = "rect" coords = "208,3,268,28" href = "index_z.asp" >
'招聘管理页面
  <area shape = "rect" coords = "299,3,360,29" href = "index_p.asp" >
'培训管理页面
  <area shape = "rect" coords = "392,3,453,29" href = "index_x.asp" >
'薪酬管理页面
  <area shape = "rect" coords = "483,3,544,29" href = "index_m.asp" >
'系统管理页面
  </map >
```

系统首页其他功能的实现详见"\Human_res\person\"文件夹中的各源文件。

11.4.3　人事管理模块的设计与实现

1. 概述

人事管理模块主要包括人力规划、工作管理、考勤管理 3 个部分。其中人力规划是人力资源管理中最核心的模块之一，主要包括部门设置、职位设置、人事设置、添加员工、填写合同、合同管理和合同模板 7 个部分。工作管理主要包括布置工作任务、管理工作任务 2 个部分。考勤管理主要包括主管部门审批、人事部门审批、考勤分析报表、考勤规则设置 4 个部分。人事管理模块层如图 11 – 15 所示。

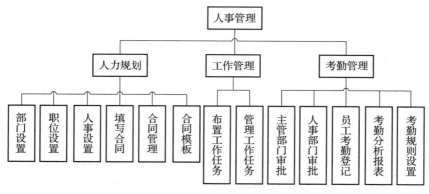

图 11 – 15　人事管理模块层次

2. 功能实现

当单击人事管理模块超链接，执行 "\Human_res\index_r. asp" 源代码后，跳转到人事管理模块首页，如图 11 – 16 所示。

该模块首页其他功能的实现详见 "\Human_res\renshi\" 文件夹中的各源文件。

11.4.4　招聘管理模块的设计与实现

1. 概述

招聘管理模块主要包括招聘信息管理和企业人才库 2 个部分。其中招聘信息管理包括添加应聘信息、管理应聘信息、添加招聘信息和管理招聘信息 4 个部分。该模块主要是用于招聘和应聘人员信息的添加和管理，大大地方便了企业管理者对后备人才的管理，能够有效地为企业选择优秀人才。招聘管理模块层次如图 11 – 17 所示。

2. 功能实现

当单击招聘管理模块超链接，执行 "\Human_res\index_z. asp" 源代码后，跳转到招聘管理模块首页，如图 11 – 18 所示。

该模块首页其他功能的实现详见 "\Human_res\zhaopin\" 文件夹中的各源文件。

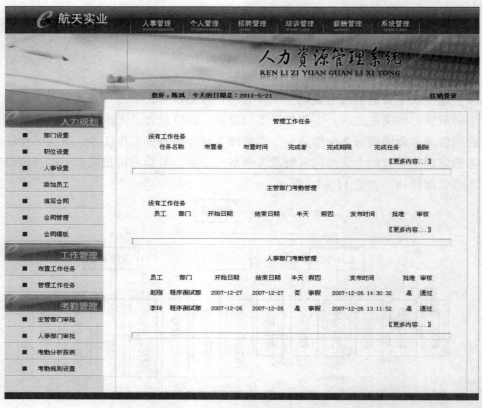

图 11-16　人事管理模块首页

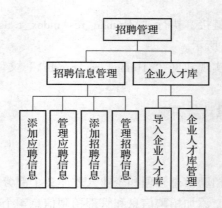

图 11-17　招聘管理模块层次

11.4.5　培训管理模块的设计与实现

1. 概述

培训管理的角色包括人力资源管理人员和普通员工，人力资源管理人员采用问卷调查的

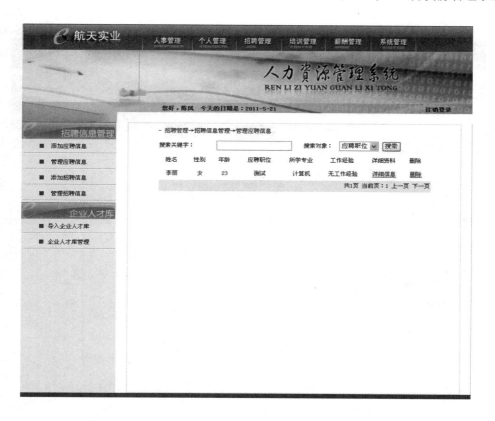

图 11-18 招聘管理模块首页

方法获取培训需求信息，并对调查的结果进行培训需求分析，然后据此制定年度培训计划，并将此计划作为培训信息进行发布，普通员工可以通过本模块查询培训计划信息。培训管理模块层次如图 11-19 所示。

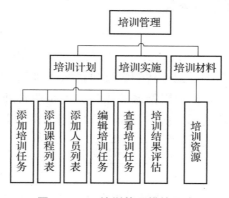

图 11-19 培训管理模块层次

2. 功能实现

当单击培训管理模块超链接，执行"\Human_res\index_p. asp"源代码后，跳转到培训管理模块首页，如图 11-20 所示。

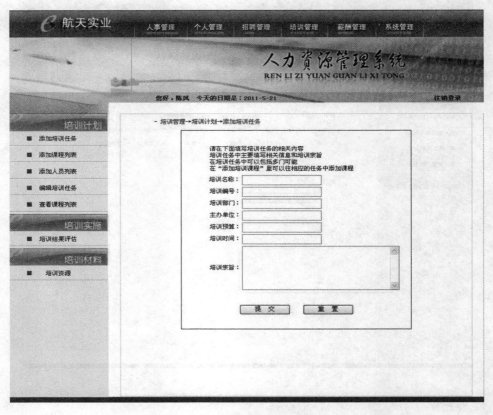

图 11 - 20　培训管理模块首页

该模块首页其他功能的实现详见 "\Human_res\foster\" 文件夹中的各源文件。

11.4.6　薪酬管理模块的设计与实现

1. 概述

薪酬管理模块主要包括薪酬登记、薪酬修改和薪酬查询 3 个部分，主要用于实现员工薪酬的登记、修改和查询以及用户的权限指派等操作，使企业管理者对员工的薪酬有所了解，并对员工的薪酬情况进行合理安排。薪酬管理模块层次如图 11 - 21 所示。

图 11 - 21　薪酬管理模块层次

2. 功能实现

当单击薪酬管理模块超链接，执行"\Human_res\index_x.asp"源代码后，跳转到薪酬管理模块首页，如图 11 – 22 所示。

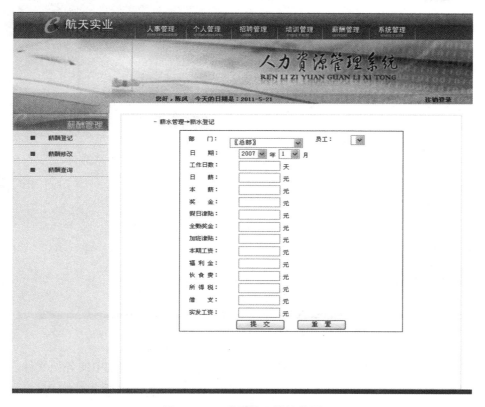

图 11 – 22 薪酬管理模块首页

该模块首页其他功能的实现详见"\Human_res\wage\"文件夹中的各源文件。

11.4.7 系统管理模块的设计与实现

1. 概述

本模块的角色是系统管理员，用户管理主要实现用户的添加、删除和修改以及用户的权限指派等操作。为了维护数据库的安全，系统数据库的备份和恢复也由系统管理员实现，系统涉及的所有选择性参数由本模块进行初始化。系统管理模块层次如图 11 – 23 所示。

2. 功能实现

当单击系统管理模块超链接，执行"\Human_res\index_m.asp"源代码后，跳转到系统管理模块首页，如图 11 – 24 所示。

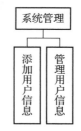

图 11 – 23 系统管理模块层次

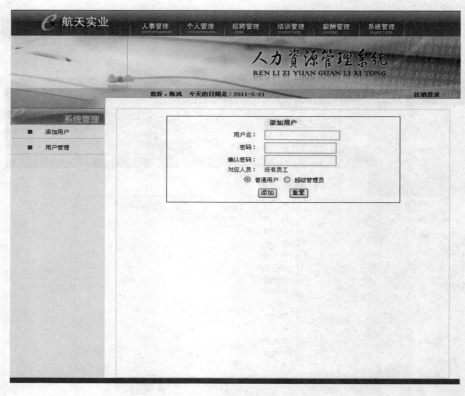

图 11 – 24　系统管理模块首页

该模块首页其他功能的实现详见“\Human_res\system\”文件夹中的各源文件。

11.5 任务 5：用户使用说明书

任务目标

- 掌握系统环境配置的要求。
- 掌握操作系统的规则。

目标系统开发完成后交给用户使用时，用户可借助用户文档帮助使用本系统。本节主要介绍本系统的用户使用说明书，读者可根据其配置环境要求使用本系统。

11.5.1 配置源程序

1. 附加数据库

（1）将“Human_res”文件夹拷贝到 D 盘根目录下。

（2）打开 SQL Server 2019 中的“对象资源管理器”，然后展开本地服务器，在“数据库"数据项上单击鼠标右键,在出现的快捷菜单中选择"附加"选项。

(3)出现"附加数据库"对话框,在该对话框中单击" <span></span> "按钮,选择所要附加数据库的".mdf"文件,单击"确定"按钮,即可完成数据库的附加操作。

2. 安装 IIS

在 Windows10 操作系统环境下,选择"开始"→"控制面板"→"程序"→"程序和功能"→"打开或关闭 Windows 功能"命令,按图 11 – 25 所示进行设置,完成 IIS 的安装。

图 11 – 25　IIS 安装选项窗口

提示:在默认情况下,Windows 10 安装后不会自动安装 IIS,需要手动安装。

3. 配置 IIS

(1)在 Windows 10 操作系统环境下,选择"开始"→"控制面板"→"系统和安全"→"管理工具"→"Internet 信息服务(IIS)管理工具"选项,双击将其打开。展开左侧边栏一直到"Default Web Site",选择"Default Web Site",双击内页中的"ASP",即显示 ASP 的设置内容,在"行为"组中将"启用父路径"设置为"True"即可,如图 11 – 26 所示。

提示:设置"True"之后,还要在右边栏单击"应用"按钮才能生效。

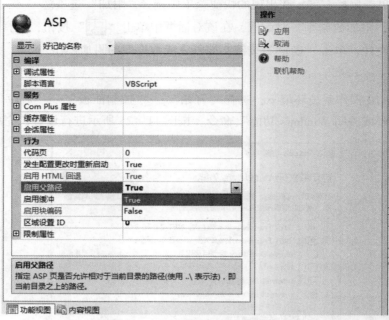

图 11 – 26　启用父路径设置窗口

（2）单击右侧的"高级设置"选项，设置网站的目录，如图 11 – 27 所示。

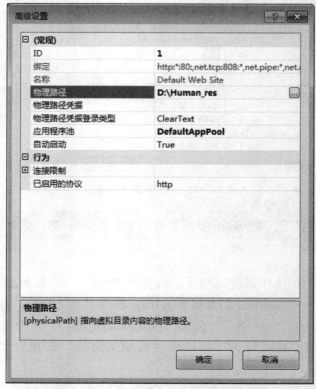

图 11 – 27　高级设置 – 网站目录设置窗口

（3）单击右侧的"绑定…"按钮，设置网站的端口。默认使用的 80 端口，如果该端口已经被占用，可以在这里添加一个其他的端口号来浏览站点，如图 11 - 28 所示，单击"关闭"按钮即可，一般这里不需要操作。

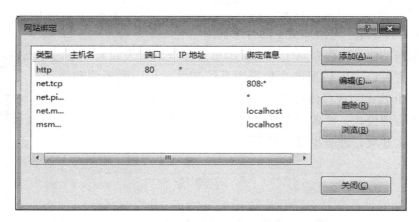

图 11 - 28　网站绑定设置窗口

（4）在 IE 地址栏中输入"http://localhost/index. asp"即可进入本系统。

11.5.2　操作注意事项

（1）首页文件为"\index. asp"。
（2）最高级别员工的用户名为"admin"，密码为"123456"。

11.5.3　操作流程

使用本系统请按照以下流程操作：
（1）在人事管理模块中添加部门信息及职位信息。
注意：在添加部门信息时，最高级的总部信息不可以删除，但可修改。
（2）在人事管理/合同模板中设置合同模板。
（3）在招聘管理/添加招聘信息中添加招聘信息。
（4）在招聘管理/添加应聘信息中添加应聘信息。
（5）在招聘管理/导入企业人才库中将应聘合格人员导入企业人才库，成为本企业的正式员工。
（6）在人事管理/添加员工中添加员工进入公司日期。
（7）在人事管理/职位设置中为新员工添加职位。
（8）在人事管理/填写合同中与新员工签订劳动合同。
（9）在系统管理/添加用户信息和管理用户管理信息中为新员工设置用户名、密码及操作权限。

（10）在培训管理中可添加培训任务和课程。

（11）在人事管理中可为员工布置工作任务，员工登录后可查看到。

（12）员工在个人管理中可以申请假期及添加考勤信息，其假期审批只有具有"主管部门审批"和"人事部门审批"权限，其中"主管部门审批"必须是同部门员工。

（13）在薪酬管理中可添加员工的月工资。

本章根据网站建设流程介绍了人力资源管理系统的开发过程。通过本章的学习，读者可以了解数据库在数据库系统开发过程中的地位和作用。本系统使用 ASP 技术实现具体功能，实现了人力资源管理的网络化、数字化、人性化的管理模式，读者可根据自己掌握的程序设计语言在本系统的基础上进行二次开发，进一步完善本系统。

知识拓展

学习评价

评价项目	评价内容	分值	得分
数据库系统开发流程	理解数据库系统开发流程	20	
数据库系统各阶段任务	能完成数据库系统各阶段任务	70	
职业素养	统筹协调、创新实践	10	
合计			

思考与练习参考答案

参 考 文 献

［1］周慧. 数据库应用技术（SQL Server 2005）［M］. 北京：人民邮电出版社，2009.

［2］胡国胜，易著梁. 数据库技术与应用——SQL Server 2008［M］. 北京：机械工业出版社，2010.

［3］梁庆枫，颜虹. SQL Server 2005 应用教程［M］. 北京：北京大学出版社，2010.

［4］张景坤，履继迪，刘欣，等. ASP 项目开发全程实录［M］. 北京：清华大学出版社，2008.

［5］李岩，杨立. SQL Server 2019 实用教程［M］. 北京：清华大学出版社，2015.

参 考 文 献